日本社会は自衛隊をどうみているか

「自衛隊に関する意識調査」報告書

ミリタリー・カルチャー研究会

青弓社

日本社会は自衛隊をどうみているか
「自衛隊に関する意識調査」報告書

目次

装丁・本文デザイン──ヤマダデザイン室

はじめに

　本報告書『日本社会は自衛隊をどうみているか』は、わたくしたちミリタリー・カルチャー研究会が計画し、2021年1月から2月にかけて実施した「自衛隊に関する意識調査」の結果の概要をまとめたものである。この調査は、次のような問題意識に基づいて実施した。

　現代日本の平和・安全保障問題をめぐる環境は現在、大きな変動の時期を迎えている。それは2015年の安全保障関連法の成立を端緒とし、それらと憲法との関係、日本の防衛計画・防衛体制のあり方、海外派遣を含む近年の自衛隊の役割と活動をめぐる一連の議論、そして現在の東アジアでの安全保障上の脅威の増大などに至る。また米中対立の先鋭化のなかで、日米同盟やアメリカ軍基地のあり方があらためて問い直されていることも言うまでもない。しかしながら、このように戦後日本の平和主義の重大な転換点ともなりうる状況に直面しながらも、「戦争」や「軍事」のリアリティに冷静に向き合った討議と合意形成の場の構築は、未成熟であると言わざるをえない。

　その根本的な理由は、市民の戦争観・平和観の詳細な実相や、それと相関する価値観・社会意識・知識などの構造の総体といった、平和・安全保障問題についての討議のための基礎的前提となるべき客観的・学術的なデータが決定的に不足していることにある。

　もちろん、平和・安全保障問題に関連するさまざまな世論調査は、戦後初期から現在に至るまで、政府・自治体や報道機関などによって何度もおこなわれてきた。わたくしたちは2020年、それらの情報をデータベース化し、「平和・安全保障問題に関する世論調査データベース」として公開した[1]。そうした既存の世論調査データは、基礎資料として重要ではあるが、それらの多くは各時期の時事的・個別的なトピック（たとえば憲法改正や安全保障関連法）に対応しておこなわれたものであり、市民の戦争観・平和観や、それと相関する価値観・社会意識・知識などの総体にわたる客観的・学術的に体系化されたデータはいまだ得られていない。

　そこでわたくしたちは、その欠落を埋めるべく、前述の「世論調査データベース」をも参考にしながら、今回の「自衛隊に関する意識調査」を企画・実施した（調査方法の詳細については、後掲の【調査方法】を参照）。

　本報告書は、この調査の結果の概要をいちはやく公開し、今後の平和・安全保障問題をめぐる討議の基礎となるべきデータを、幅広い読者に向けて提供しようとするものである。この目的のため、本文の内容は集計表とグラフおよび最低限の注という客観的なデータに限定していて、それらの解釈や分析はいっさいおこなっていない。データをどのように読み取り、どのような解釈や分析を導き出すべきかについては、あくまでも読者に委ねたい。またわたくしたち自身にとっても、そ

のことは今後の研究の最も重要な課題になることは言うまでもない。

次に、この調査の企画・実施に至るまでの研究の背景について説明しよう。

わたくしたちは、1970年代末に始まる戦友会研究以来、戦後日本のミリタリー・カルチャーに関する社会学的研究を継続的に実施してきた（次ページの【ミリタリー・カルチャー研究会の主要研究成果】を参照）。ここにいうミリタリー・カルチャーとは、「市民の戦争観・平和観を中核とした、戦争や軍事組織に関連するさまざまな文化の総体」という意味である[2]。

戦友会とは、アジア・太平洋戦争で軍隊生活を共有した人々が戦後に自発的に結成した集団である。それらは、戦争や軍事の全否定を基調としてきた戦後日本社会のなかにあって、軍隊体験者たちが自らの戦闘・軍隊体験を意味づけることができるほとんど唯一の空間として機能してきたということを、わたくしたちの研究は明らかにした（『共同研究・戦友会』『戦友会研究ノート』）。

一方、そのように戦争や軍事の全否定を基調とした戦後日本の現実社会のミリタリー・カルチャーとは別のところ、すなわち「趣味」の領域で戦争や軍事への積極的関心を共有するミリタリー・カルチャーが形成され発展してきたことにも、わたくしたちは注目した。現在に至るまで、映画・マンガ・アニメなどのポピュラー・カルチャーのなかで多様に描かれてきた戦争や軍事の世界は、後者の意味でのミリタリー・カルチャーの独自の展開を示している。

以上のような研究関心を継承して、わたくしたちは2010年代に、現代日本のミリタリー・カルチャーに関する調査研究を計画した。10年頃を転換点として、かつての戦友会員のように現実の戦争の記憶をもつ世代は少数派となり、代わって、ポピュラー・カルチャーなどを通して戦争や軍事組織をイメージする世代が多数派になった。この世代交代は、市民の戦争観・平和観にも反作用を及ぼし、その構造的な地殻変動をもたらしているのではないか、と予想された。

2015年と16年の2度にわたって、軍事・安全保障問題への関心が高い人々を対象にした意識調査（インターネット調査）を実施した結果、その予想はほぼ裏づけられた。それらの人々は、「批判的関心層」（社会的・政治的あるいは国際的な問題として軍事・安全保障に関心をもつ人々、女性・中高年層に多い）と、「趣味的関心層」（趣味の対象として軍事・安全保障に関心をもつ人々、男性・若年層に多い）とに大きく二分され、この2つの層のあいだに大きな戦争観・平和観の隔たりが存在することが明らかになった（『ミリタリー・カルチャー研究——データで読む現代日本の戦争観』）。

ただ、この調査研究では、現代日本のミリタリー・カルチャーが、現実の平和・安全保障問題とどのように関わり合っているのか、という重要な問題については、包括的には扱わなかった。前述のとおり、2015年と16年の調査は軍事・安全保障問題への関心が高い人々だけを抽出しておこなったものであり、その意識や意見は、必ずしも現代日本のすべての人々を代表しているとはいいがたかったからである（ただし前掲『ミリタリー・カルチャー研究』の第5部「自衛隊と安全保障」では、部分的にではあるが、それらの人々の自衛隊や安全保障問題に関する意識を分析している）。

以上の研究の蓄積を踏まえて、今回わたくしたちは、現代日本の一般の人々が自衛隊に関して抱いている意識を中心に、前述のような客観的・学術的データを得るための第一歩として「自衛隊に関する意識調査」を企画し、全国規模の無作為抽出による郵送調査の方式で実施したという次第である。

　本報告書の出版にあたっては、出版情勢の厳しいなか、昨年の『ミリタリー・カルチャー研究』に引き続き、青弓社の矢野恵二さんに大変お世話になった。ここに深く謝意を表したい。

2021年5月

ミリタリー・カルチャー研究会

伊藤公雄　　植野真澄　　太田 出

河野 仁　　島田真杉　　高橋三郎

高橋由典　　新田光子　　野上 元

福間良明　　吉田 純（代表）

【ご意見・ご質問】

本報告書の内容に関してご意見・ご質問などがあれば、ミリタリー・カルチャー研究会サイト内のフォーム（https://www.military-culture.jp/contact/）でお問い合わせください。

【ミリタリー・カルチャー研究会の主要研究成果】

高橋三郎編著『共同研究・戦友会』田畑書店、1983年［新装版：インパクト出版会、2005年］

戦友会研究会『戦友会研究ノート』青弓社、2012年

吉田純・ミリタリー・カルチャー研究会「現代日本におけるミリタリー・カルチャーの計量的分析」、「社会システム研究」第19号、京都大学大学院人間・環境学研究科社会システム研究刊行会、2016年

高橋由典「戦後日本における戦争娯楽作品」、「社会システム研究」第21号、京都大学大学院人間・環境学研究科社会システム研究刊行会、2018年

吉田純編、ミリタリー・カルチャー研究会『ミリタリー・カルチャー研究──データで読む現代日本の戦争観』青弓社、2020年

注

（1）「ミリタリー・カルチャー研究会」（https://www.military-culture.jp/pops-database/）2021年5月時点で、データベースには432件の世論調査の情報を掲載している。

（2）海外（欧米）の戦争社会学・軍事社会学では、「ミリタリー・カルチャー」概念をもっぱら「軍事組織それ自体の文化」という意味に限定して定義・使用してきた。それに対し、この概念をこのように広く定義するのは、わたくしたちの独自の発案である。

調査方法

　2020年5月から10月にかけての計4回の研究会で調査票の検討・設計をおこない、11月に、まず下記①のパイロット調査（予備調査）を実施した。そこで得られたデータに基づいて調査票の細部を修正し、ブラッシュアップした調査票を用いて、2021年1月から2月にかけて下記②の本調査を実施した。本報告書に掲載しているデータは、②の結果に基づくものである。

　調査票の設計と調査結果の集計・分析にあたっては、金子雅彦・防衛医科大学校准教授から多くの貴重なアドバイスをいただいた。ここに謝意を表したい。

　これらの調査の全体は、「日本社会学会倫理綱領にもとづく研究指針」（https://jss-sociology.org/about/researchpolicy/）に従って実施した。

① パイロット調査（予備調査）
・委託先：NTTコム オンライン・マーケティング・ソリューション
・調査方法：インターネット調査
・調査時期：2020年11月
・調査対象：同社のWeb調査モニターで、2020年時点での日本の人口構成に合わせて、「性別」×「調査時点での5年齢層（20代以下、30代、40代、50代、60代以上）」でサンプル数を割り当て（全10セル）、その各セルのモニターに回答を依頼した。
・有効回答数：1,000

② 本調査
・委託先：日本リサーチセンター
・調査方法：郵送調査
・調査時期：2021年1月下旬〜2月下旬
・調査対象：同社の層化ランダム抽出された郵送調査モニターで、登録している年齢が15歳以上の日本全国に居住する個人。2020年1月1日の「住民基本台帳」【総計】年齢階級別人口（都道府県別）のデータをもとに、20年1月1日の人口構成比に応じて、「性別」×「2021年1月1日時点での6年齢層（15〜29歳、30〜39歳、40〜49歳、50〜59歳、60〜69歳、70〜79歳）」でサンプル数を割り当て（全12セル）、その各セルのモニターに回答を依頼した。
・希望回収サンプル数：2,000
・調査票発送数：3,780
・有効回答数：1,971（回収率52.1%）

【凡例】

- 目次に示すとおり、調査票の全45問とその枝問（問1－1、問1－2など）のすべてについて、設問順に全体を10章および付録に分け、下記の方針で集計結果とグラフを掲載した。
- 択一式の設問（選択肢から1つだけを回答する設問）については、原則として、①回答の分布の集計表、②その円グラフ、③回答の分布と6年齢層とのクロス集計表、④その帯グラフを掲載した（③④は無回答を除いて集計、「付録　回答者の諸属性」は①②のみ）。
- 複数項目のそれぞれについての択一式の設問（問3、問8、問18、問25）は、①複数項目の回答の分布を比較した集計表、②その帯グラフを掲載した。
- 複数回答式の設問については、①各選択肢の回答数の集計表、②その横棒グラフを掲載した。
- 集計表のなかでは、選択肢の文章は一部を省略した場合がある。
- 自由記述式の設問（問19、問34）については、計量テキスト分析の手法によって頻出キーワードを抽出し、その集計表を掲載した（抽出方法の詳細については、それぞれの項目の注で説明した）。
- 集計用ソフトウェアはIBM SPSS Statics 27（Windows版）を使用した。ただし、自由記述式の設問（問19、問34）については、計量テキスト分析用のフリーソフトウェアKH Coder 3（Windows版）を使用した。KH Coder 3の開発者、樋口耕一・立命館大学教授に謝意を表したい。

【付記】

　本研究は、JSPS科研費 JP18H03650「現代日本における戦争観・平和観の実証的研究」（基盤研究(A)、2018 〜 2021年度）の助成を受けたものである。

日本社会は自衛隊をどうみているか
「自衛隊に関する意識調査」報告書

【全員にお尋ねします。】

問1 あなたは自衛隊に関心がありますか。次の中から1つだけお答えください（○は1つ）

1．非常に関心がある　　　　2．ある程度関心がある
3．あまり関心がない　　　　4．まったく関心がない

		回答数	％
	全体	1,971	100.0
1	非常に関心がある	209	10.6
2	ある程度関心がある	1,065	54.0
3	あまり関心がない	526	26.7
4	まったく関心がない	155	7.9
5	無回答	16	0.8

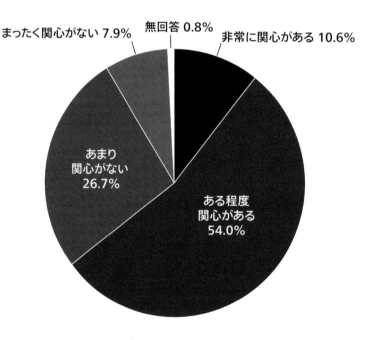

	非常に関心がある	ある程度関心がある	あまり関心がない	まったく関心がない
29歳以下	5.2%	33.3%	40.0%	21.5%
30〜39歳	7.9%	42.5%	36.3%	13.3%
40〜49歳	9.1%	50.2%	31.1%	9.7%
50〜59歳	6.8%	60.4%	27.9%	4.9%
60〜69歳	13.0%	61.7%	22.8%	2.4%
70歳以上	20.1%	68.2%	10.6%	1.1%
合計	10.7%	54.4%	27.0%	7.9%

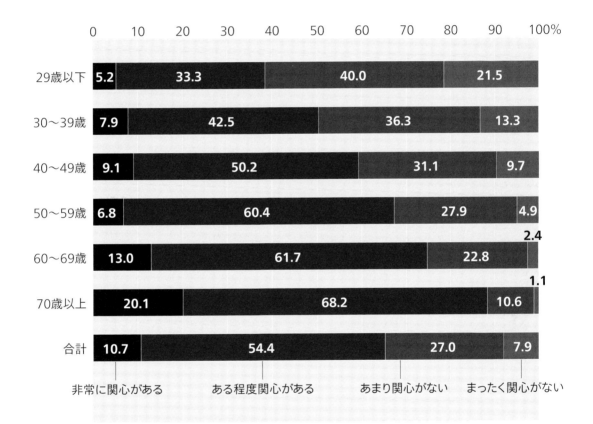

【問1で、「1．非常に関心がある」、「2．ある程度関心がある」と答えた方にお尋ねします。】

問1-1 自衛隊に関心を持つようになった理由は何ですか。主な理由を、次の中から2つまでお答えください。（○は2つまで）

1．日本の安全保障や防衛政策に関心があるので
2．自衛隊による災害救助活動に関心があるので
3．自分自身が防衛省・自衛隊関係者である（あった）ので
4．家族、知人に防衛省・自衛隊関係者がいる（いた）ので
5．防衛省・自衛隊と取引がある企業に関係している（いた）ので
6．基地・駐屯地・学校など自衛隊関連施設の近くに住んでいる（いた）ので
7．自衛隊のイベントや駐屯地を見学したり、パンフレット、ビデオなど広報資料を見たことがきっかけで
8．自衛隊を題材としたマンガ、ドラマ・映画、小説などの影響で
9．兵器や装備、戦闘や訓練など軍事にたいする一般的な興味があるので
10．自衛隊に批判的な観点から、自衛隊の動向に関心をもっているので
11．特に理由はない

		回答数	％
	全体	1,274	100.0
1	日本の安全保障や防衛政策に関心があるので	676	53.1
2	自衛隊による災害救助活動に関心があるので	860	67.5
3	自分自身が防衛省・自衛隊関係者である（あった）ので	16	1.3
4	家族、知人に防衛省・自衛隊関係者がいる（いた）ので	205	16.1
5	防衛省・自衛隊と取引がある企業に関係している（いた）ので	13	1.0
6	基地・駐屯地・学校など自衛隊関連施設の近くに住んでいる（いた）ので	46	3.6
7	自衛隊のイベントや駐屯地を見学したり、広報資料を見たことがきっかけで	116	9.1
8	自衛隊を題材としたマンガ、ドラマ・映画、小説などの影響で	94	7.4
9	兵器や装備、戦闘や訓練など軍事にたいする一般的な興味があるので	139	10.9
10	自衛隊に批判的な観点から、自衛隊の動向に関心をもっているので	35	2.7
11	特に理由はない	19	1.5
12	無回答	38	3.0

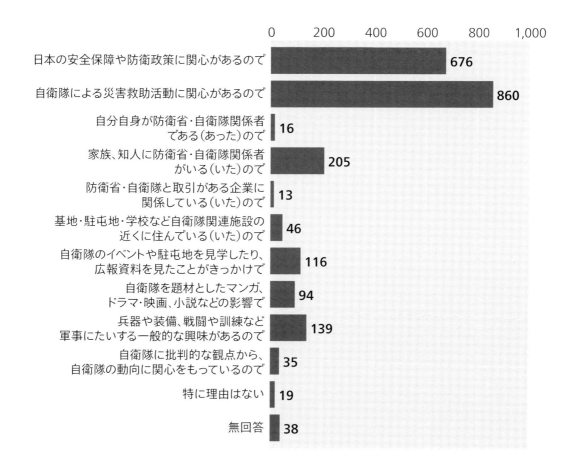

【問1で、「3．あまり関心がない」、「4．まったく関心がない」と答えた方にお尋ねします。】

問1-2 自衛隊に関心を持たない理由は何ですか。主な理由を、次の中から <u>2つまで</u>お答えください。（○は2つまで）

1．自分の生活にあまり関係がないから

2．自衛隊についてほとんど知らないから

3．日本が戦争に巻き込まれる危険性は、現在は少ないと思っているから

4．日本の安全保障や防衛体制に関心がないから

5．戦争や軍隊など軍事に関わることはすべて嫌いだから

6．ほかに関心があることがたくさんあるから

7．防衛問題だけではなく、政治そのものに関心がないから

8．特に理由はない

		回答数	%
	全体	681	100.0
1	自分の生活にあまり関係がないから	340	49.9
2	自衛隊についてほとんど知らないから	259	38.0
3	日本が戦争に巻き込まれる危険性は、現在は少ないと思っているから	92	13.5
4	日本の安全保障や防衛体制に関心がないから	15	2.2
5	戦争や軍隊など軍事に関わることはすべて嫌いだから	57	8.4
6	ほかに関心があることがたくさんあるから	139	20.4
7	防衛問題だけではなく、政治そのものに関心がないから	49	7.2
8	特に理由はない	68	10.0
9	無回答	8	1.2

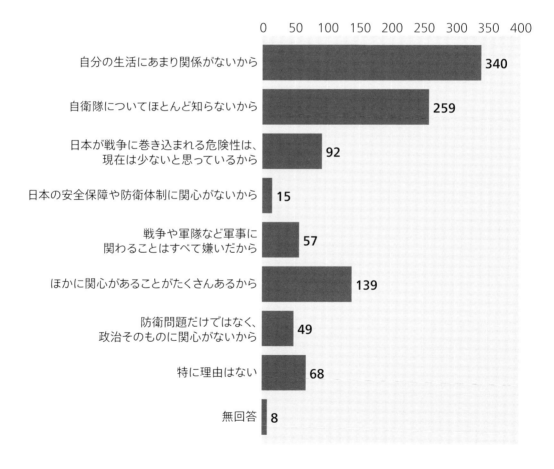

【全員にお尋ねします。】

問2 あなたは自衛隊の存在そのものを肯定していますか、それとも否定していますか。次の中から1つだけお答えください。（○は1つ）

　　1．肯定している　　　　　　2．どちらかといえば、肯定している

　　3．どちらともいえない　　　4．どちらかといえば、否定している　　　5．否定している

		回答数	％
	全体	1,971	100.0
1	肯定している	1,031	52.3
2	どちらかといえば肯定している	563	28.6
3	どちらともいえない	339	17.2
4	どちらかといえば否定している	19	1.0
5	否定している	13	0.7
6	無回答	6	0.3

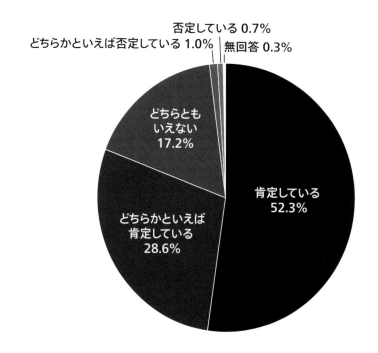

	肯定している	どちらかといえば 肯定している	どちらとも いえない	どちらかといえば 否定している	否定している
29歳以下	44.1%	29.6%	25.9%	0.4%	0.0%
30 ～ 39歳	51.7%	28.3%	19.6%	0.4%	0.0%
40 ～ 49歳	52.3%	30.2%	16.0%	1.2%	0.3%
50 ～ 59歳	53.2%	29.2%	15.4%	1.4%	0.8%
60 ～ 69歳	52.3%	29.1%	16.2%	1.3%	1.1%
70歳以上	59.2%	25.8%	12.9%	0.8%	1.4%
合計	52.5%	28.7%	17.2%	1.0%	0.7%

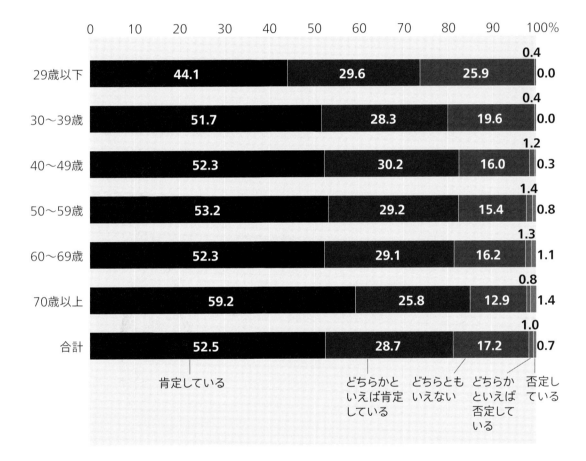

【全員にお尋ねします。】

問3 あなたは陸上・海上・航空の各自衛隊について、それぞれ、どのような印象を持っていますか。あなたの印象を、次の中からそれぞれ1つだけお答えください。（それぞれ○は1つずつ）

	良い印象を持っている	どちらかといえば良い印象を持っている	どちらともいえない	どちらかといえば悪い印象を持っている	悪い印象を持っている
a.陸上自衛隊⇒	1	2	3	4	5
b.海上自衛隊⇒	1	2	3	4	5
c.航空自衛隊⇒	1	2	3	4	5

（回答数 1,971）	良い印象を持っている	どちらかといえば良い印象を持っている	どちらともいえない	どちらかといえば悪い印象を持っている	悪い印象を持っている	無回答
a.陸上自衛隊	36.7%	41.5%	19.8%	1.2%	0.5%	0.3%
b.海上自衛隊	33.6%	39.9%	24.3%	1.0%	0.6%	0.7%
c.航空自衛隊	34.0%	38.2%	25.8%	0.9%	0.5%	0.7%

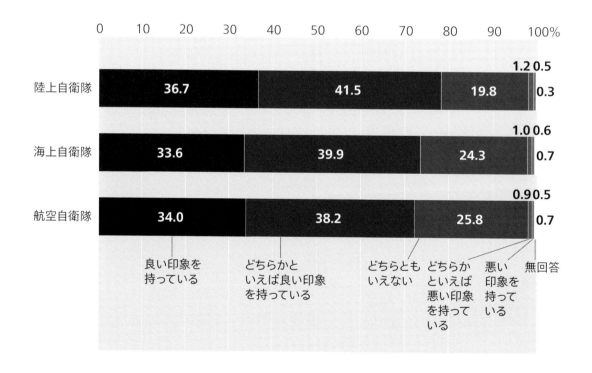

【全員にお尋ねします。】

問4 日本の防衛計画は、国家安全保障会議と閣議によって決定される「防衛計画の大綱」によって規定されています（現在は2018年に策定された「現防衛大綱」）。あなたはこのことを知っていますか。次の中から<u>1つだけ</u>お答えください。（○は1つ）

　1．知っている　　　　　　　　2．知らない

	回答数	％
全体	1,971	100.0
1　知っている	447	22.7
2　知らない	1,521	77.2
3　無回答	3	0.2

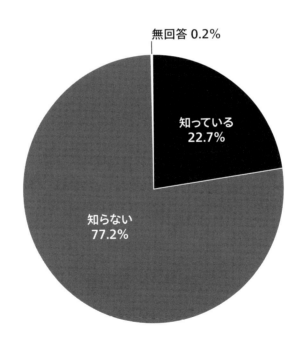

	知っている	知らない
29歳以下	7.8%	92.2%
30〜39歳	15.0%	85.0%
40〜49歳	15.2%	84.8%
50〜59歳	20.5%	79.5%
60〜69歳	33.9%	66.1%
70歳以上	36.8%	63.2%
合計	22.8%	77.2%

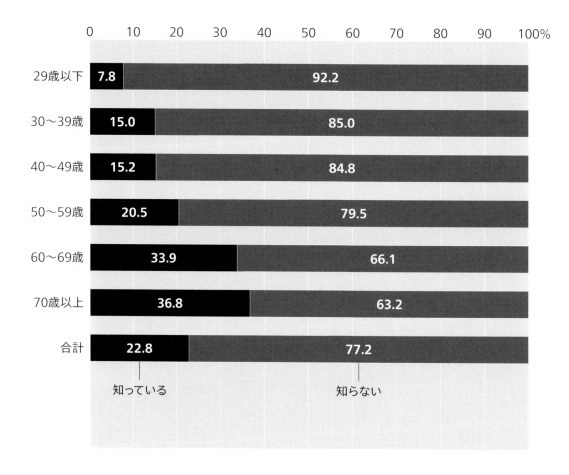

問5 「現防衛大綱」によれば、わが国防衛の基本方針は「わが国自身の防衛体制」「日米同盟」および「安全保障協力の強化」の3つの柱からなるとされています。あなたはこのことを知っていますか。次の中から<u>1つだけ</u>お答えください。（○は1つ）

　　1．知っている　　　　　　2．知らない

		回答数	％
	全体	1,971	100.0
1	知っている	596	30.2
2	知らない	1,373	69.7
3	無回答	2	0.1

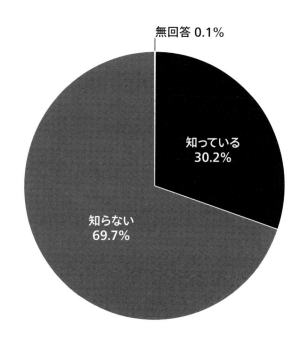

	知っている	知らない
29歳以下	14.4%	85.6%
30〜39歳	19.2%	80.8%
40〜49歳	21.5%	78.5%
50〜59歳	25.1%	74.9%
60〜69歳	40.6%	59.4%
70歳以上	52.6%	47.4%
合計	30.4%	69.6%

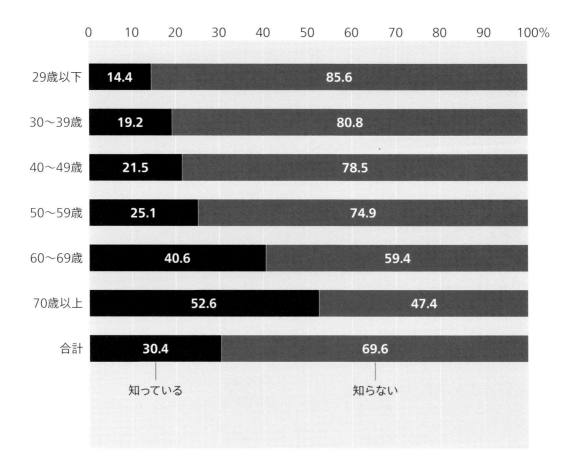

問6 「わが国自身の防衛体制」としては、「わが国周辺における情報収集及び警戒監視」、「領空侵犯に備えた警戒と緊急発進」、「島嶼部に対する攻撃への対応」、「ミサイル攻撃などへの対応」、「宇宙領域・サイバー領域・電磁波領域での対応」、「大規模災害などへの対応」などが、防衛目標達成の手段として考えられています。

あなたは、このことをどれくらい知っていますか。次の中から1つだけお答えください。

（○は1つ）

　　1．かなりよく知っている　　　2．ある程度は知っている

　　3．あまりよく知らない　　　　4．まったく知らない

		回答数	％
	全体	1,971	100.0
1	かなりよく知っている	47	2.4
2	ある程度は知っている	738	37.4
3	あまりよく知らない	923	46.8
4	まったく知らない	262	13.3
5	無回答	1	0.1

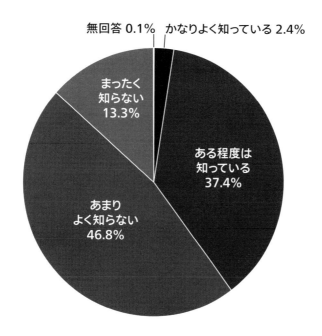

	かなりよく知っている	ある程度は知っている	あまりよく知らない	まったく知らない
29歳以下	1.1%	20.7%	50.0%	28.1%
30〜39歳	0.4%	24.2%	50.0%	25.4%
40〜49歳	1.2%	31.1%	52.9%	14.8%
50〜59歳	1.9%	34.2%	53.9%	10.0%
60〜69歳	3.0%	49.7%	41.7%	5.6%
70歳以上	5.7%	54.3%	35.6%	4.3%
合計	2.4%	37.3%	46.9%	13.3%

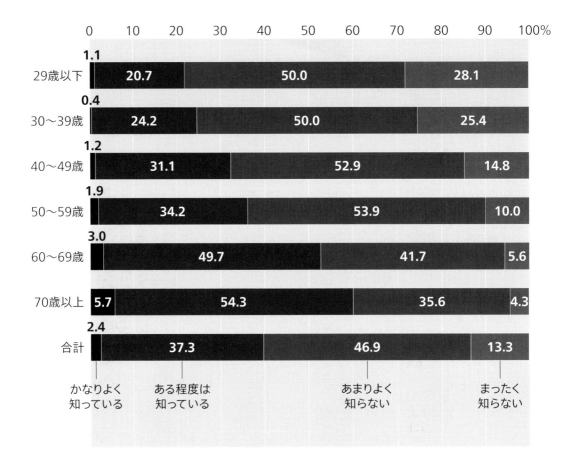

【全員にお尋ねします。】

問7 安全保障の世界では、いずれの国も宇宙空間への取り組みを進めています。日本でも、2020年航空自衛隊に「宇宙作戦隊」が新設されました。それだけではなく、「航空自衛隊」という名称そのものを、「航空宇宙自衛隊」に改称する案も検討されています。あなたは、この名称変更案についてどう思いますか。次の中から1つだけお答えください。（○は1つ）

　1．賛成である　　　　　　　　2．どちらかといえば賛成である
　3．どちらでもよい　　　　　　4．どちらかといえば反対である　　5．反対である
　6．関心がないので、なんともいえない

		回答数	％
	全体	1,971	100.0
1	賛成	227	11.5
2	どちらかといえば賛成	417	21.2
3	どちらでもよい	907	46.0
4	どちらかといえば反対	140	7.1
5	反対	70	3.6
6	関心がないので、なんともいえない	196	9.9
7	無回答	14	0.7

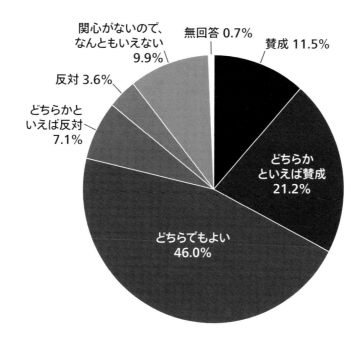

	賛成	どちらかといえば賛成	どちらでもよい	どちらかといえば反対	反対	関心がないのでなんともいえない
29歳以下	8.2%	11.2%	55.8%	4.8%	2.6%	17.5%
30〜39歳	10.4%	17.5%	46.7%	8.3%	3.8%	13.3%
40〜49歳	10.6%	20.9%	44.5%	7.0%	4.5%	12.4%
50〜59歳	10.5%	21.9%	48.4%	8.4%	2.4%	8.4%
60〜69歳	12.4%	26.5%	42.2%	5.9%	5.7%	7.3%
70歳以上	16.4%	25.8%	42.2%	8.3%	2.5%	4.7%
合計	11.7%	21.3%	46.2%	7.2%	3.6%	10.1%

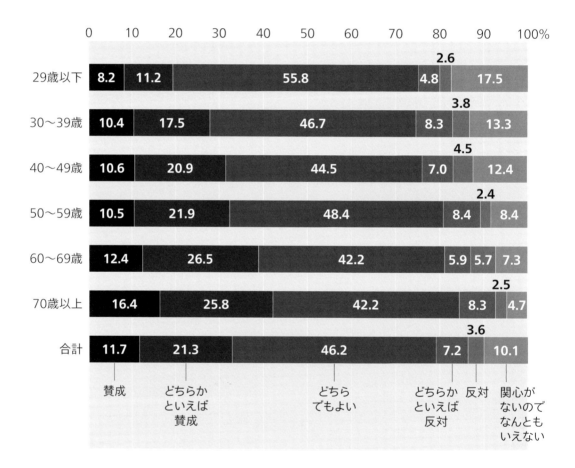

【全員にお尋ねします。】

問8 現在、自衛隊の装備や組織改編について、次のような計画が議論されています。それぞれの計画について、どう思いますか。5つの選択肢のうち自身の考えに最も近いものを1つだけお答えください。（それぞれ○は1つずつ）

		賛成	どちらかといえば賛成	どちらかといえば反対	反対	わからない
a.「サイバー防衛隊」の増強	⇒	1	2	3	4	5
b. スタンド・オフ・ミサイル（敵基地攻撃も可能な長距離巡航ミサイル）の保有	⇒	1	2	3	4	5
c. 最新鋭戦闘機F35Aの増備	⇒	1	2	3	4	5
d.「いずも」型護衛艦の「空母化」（戦闘機F35Bの搭載）	⇒	1	2	3	4	5
e. 無人偵察機部隊の新設	⇒	1	2	3	4	5
f. レールガン（電磁加速砲）の独自開発	⇒	1	2	3	4	5
g. 陸上配備型ミサイル迎撃システム「イージス・アショア」の代替策としての、イージス艦2隻の新造	⇒	1	2	3	4	5

（回答数 1,971）	賛成	どちらかといえば賛成	どちらかといえば反対	反対	わからない	無回答
a.「サイバー防衛隊」の増強	46.5%	27.8%	3.3%	1.0%	20.3%	1.0%
b. スタンド・オフ・ミサイルの保有	21.7%	27.4%	18.1%	7.5%	24.2%	1.2%
c. 最新鋭戦闘機F35Aの増備	19.4%	26.0%	14.8%	6.6%	31.9%	1.3%
d.「いずも」型護衛艦の「空母化」	21.2%	27.0%	12.3%	6.1%	32.3%	1.2%
e. 無人偵察機部隊の新設	29.9%	32.4%	7.6%	3.0%	25.6%	1.5%
f. レールガンの独自開発	20.3%	21.8%	12.7%	6.0%	37.6%	1.5%
g.「イージス・アショア」の代替策としてのイージス艦 2 隻の新造	19.9%	28.3%	12.0%	6.4%	32.6%	0.8%

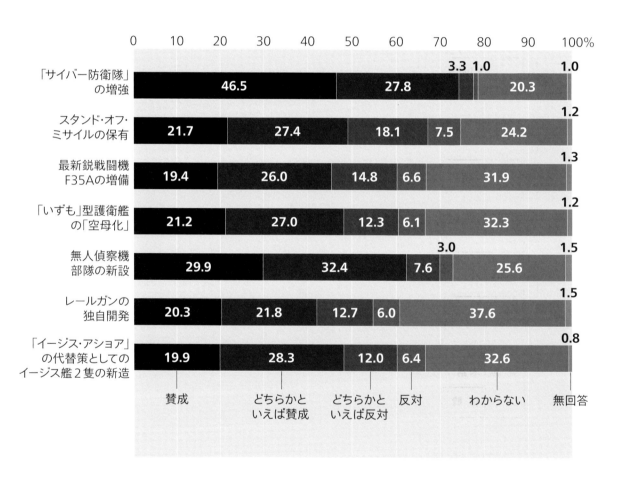

【全員にお尋ねします。】

問9 自衛隊の軍事力について、周辺他国・地域と比較したものが資料1（「自衛隊・防衛問題に関する世論調査」内閣府、2018年）です。また、アメリカの軍事力評価機関「グローバル・ファイアパワー」による評価では、世界138か国中5位（2020年）とされています。あなたはこうした状況もふまえて、自衛隊の増強についてどう思いますか。次の中から<u>1つだけ</u>お答えください。（○は1つ）

1．できる限り増強したほうがよい　　2．もう少し増強したほうがよい
3．今の程度でよい
4．もう少し縮小したほうがよい　　5．できる限り縮小したほうがよい
6．自衛隊は廃止したほうがよい　　7．わからない

【資料1】

アジア太平洋地域における各国及び地域の陸上、海上、航空兵力概数

国と地域		陸上兵力（人数）	海上兵力（艦艇トン数）	航空兵力（作戦機数）
日 本		14万人	47.9万t	400機
韓 国		49.5万人 （海）2.9万人	21.3万t	620機
北 朝 鮮		102万人	10.4万t	560機
中 国		115万人 （海）1万人	163.0万t	2,720機
台 湾		13万人 （海）1万人	20.5万t	510機
極 東 ロ シ ア		8万人	63万t	390機
米 国	在 日 米 軍	1.6万人		150機
	米第7艦隊		40万t	50機
	在 韓 米 軍	1.5万人		80機

（注）
1　資料は、米国防省公表資料、ミリタリーバランス（2017）などによる。（日本は平成28年度末実勢力を示し、航空兵力（作戦機数）は航空自衛隊の作戦機（輸送機を除く）および海上自衛隊の作戦機（固定翼のみ）の合計）
2　（海）は海兵隊を示し、陸上兵力の数には含まれない。
3　在日・在韓米軍の陸上兵力は、陸軍および海兵隊の総数を示す。
4　諸外国の作戦機については、海軍及び海兵隊機を含む。
5　第7艦隊とは、日本及びグアムに前方展開している兵力である。

凡例
陸上兵力（20万人）　艦艇（20万t）　作戦機（500機）

		回答数	%
	全体	1,971	100.0
1	できる限り増強したほうがよい	277	14.1
2	もう少し増強したほうがよい	460	23.3
3	今の程度でよい	781	39.6
4	もう少し縮小したほうがよい	70	3.6
5	できる限り縮小したほうがよい	56	2.8
6	自衛隊は廃止したほうがよい	10	0.5
7	わからない	304	15.4
8	無回答	13	0.7

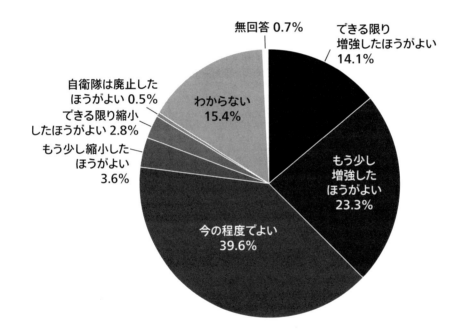

	できる限り増強したほうがよい	もう少し増強したほうがよい	今の程度でよい	もう少し縮小したほうがよい	できる限り縮小したほうがよい	自衛隊は廃止したほうがよい	わからない
29歳以下	13.7%	15.9%	41.9%	1.1%	1.1%	0.4%	25.9%
30〜39歳	16.3%	22.1%	38.3%	2.1%	1.3%	0.0%	20.0%
40〜49歳	13.3%	18.8%	41.8%	5.5%	3.0%	0.6%	17.0%
50〜59歳	14.3%	25.6%	38.8%	4.3%	3.0%	0.3%	13.7%
60〜69歳	13.2%	28.1%	38.9%	3.5%	4.9%	0.5%	10.8%
70歳以上	15.0%	27.7%	39.1%	3.9%	2.8%	1.1%	10.5%
合計	14.2%	23.5%	39.8%	3.6%	2.8%	0.5%	15.6%

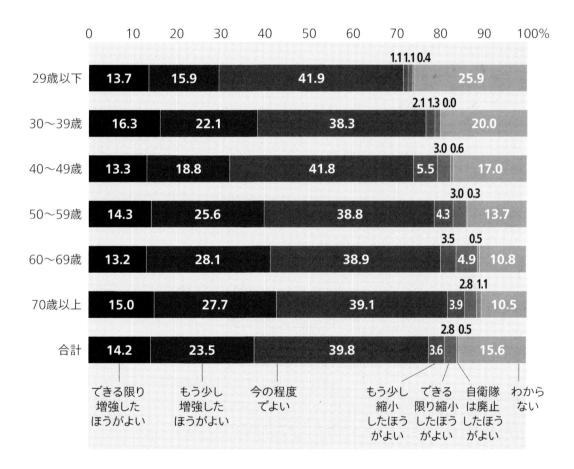

【全員にお尋ねします。】

問10 「現防衛大綱」でも強調されているように、人口減少と少子高齢化が急速に進むなかで、自衛隊員の人材確保が将来、重要な課題となると思われます。あなたはこの問題に関心がありますか、次の中から 1 つだけお答えください。（○は 1 つ）

　　1．非常に関心がある　　　　2．ある程度関心がある
　　3．あまり関心がない　　　　4．まったく関心がない

		回答数	％
	全体	1,971	100.0
1	非常に関心がある	243	12.3
2	ある程度関心がある	1,022	51.9
3	あまり関心がない	584	29.6
4	まったく関心がない	111	5.6
5	無回答	11	0.6

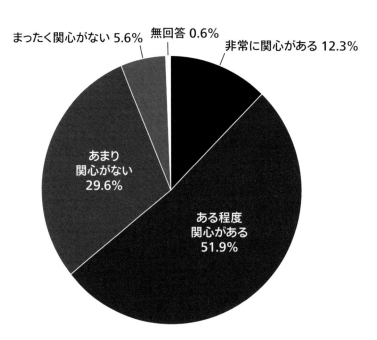

	非常に関心がある	ある程度関心がある	あまり関心がない	まったく関心がない
29歳以下	7.8%	39.0%	39.0%	14.1%
30～39歳	9.6%	44.4%	38.1%	7.9%
40～49歳	10.6%	50.8%	32.0%	6.6%
50～59歳	11.3%	54.2%	29.9%	4.6%
60～69歳	10.3%	61.0%	25.7%	3.0%
70歳以上	22.3%	57.1%	19.5%	1.1%
合計	12.4%	52.1%	29.8%	5.7%

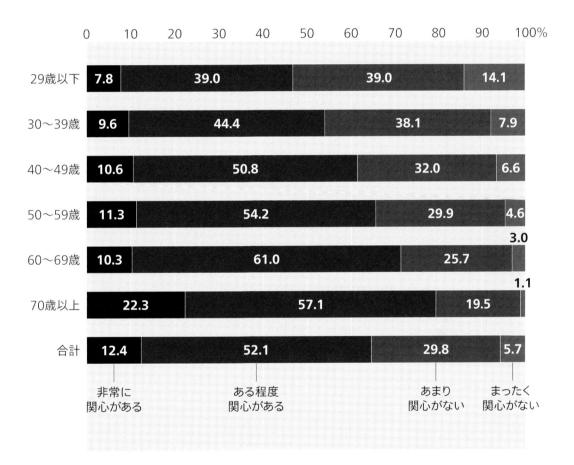

【問10で、「1．非常に関心がある」、「2．ある程度関心がある」と答えた方にお尋ねします。】

問10-1 この問題の解決のためには、どのような方法があると考えますか。次の中からいくつでもお答えください。（○はいくつでも）

1．自衛隊員の給与・諸手当を引き上げる

2．自衛隊員の職務環境を改善する

3．自衛隊員の採用年齢の上限を引き上げ、定年を延長する

4．自衛隊員に、在隊中もしくは退職後に、大学など高等教育の機会を提供したり学費援助をおこなう

5．大学、高専などに「予備役将校訓練課程（ＲＯＴＣ）」（自衛隊幹部を養成するための教育課程）の導入を検討する

6．予備自衛官、即応予備自衛官、予備自衛官補など自衛隊退職者の活用を活性化する

7．広報・募集活動を一層強化する

8．自衛隊における女性隊員の任用を一層推進する

9．無人化・省人化にむけて防衛装備・技術の開発を推進する

10．自衛隊の憲法上の位置づけをはっきりさせる

11．徴兵制の導入を検討する

12．学校教育において国防や自衛隊の重要性について積極的にとりあげるようにする

13．特に思いつかない

		回答数	%
	全体	1,265	100.0
1	自衛隊員の給与・諸手当を引き上げる	501	39.6
2	自衛隊員の職務環境を改善する	686	54.2
3	自衛隊員の採用年齢の上限を引き上げ、定年を延長する	434	34.3
4	自衛隊員に、大学など高等教育の機会を提供したり学費援助をおこなう	352	27.8
5	大学、高専などに「予備役将校訓練課程（ROTC）」の導入を検討する	275	21.7
6	予備自衛官、即応予備自衛官、予備自衛官補など自衛隊退職者の活用を活性化する	390	30.8
7	広報・募集活動を一層強化する	229	18.1
8	自衛隊における女性隊員の任用を一層推進する	364	28.8
9	無人化・省人化にむけて防衛装備・技術の開発を推進する	532	42.1
10	自衛隊の憲法上の位置づけをはっきりさせる	386	30.5
11	徴兵制の導入を検討する	58	4.6
12	学校教育において国防や自衛隊の重要性について積極的にとりあげるようにする	444	35.1
13	特に思いつかない	27	2.1
14	無回答	9	0.7

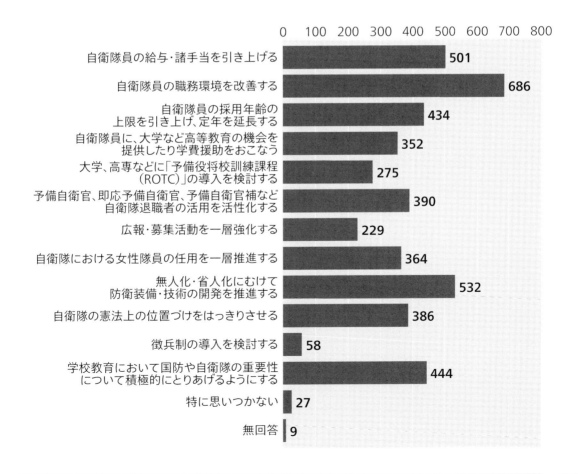

3 憲法と自衛隊・平和安全法制 （問11 ～問14）

【全員にお尋ねします。】

問11 安定した防衛体制を構築するためには、憲法と自衛隊との関係をはっきりさせるべきだという意見があります。憲法と自衛隊をめぐる議論のひとつが「自衛隊は軍隊か」というテーマです。日本政府の公式な立場は以下のようなものです。

> 「軍隊については、その定義が一義的に定まっているわけではないと承知しているが、自衛隊は、外国による侵略に対し、我が国を防衛する任務を有するものの、憲法上自衛のための必要最小限度を超える実力を保持し得ない等の制約を課せられており、通常の観念で考えられる軍隊とは異なるものと考えている。」（「衆議院議員鈴木宗男君提出軍隊、戦力等の定義に関する質問に対する答弁書」　2006年12月1日）

こうした解釈について、あなたはどう思いますか。次の中から1つだけお答えください。（○は1つ）

　　1．政府の解釈に賛成である　　　2．政府の解釈に反対である

　　3．どちらともいえない　　　　　4．こうした議論にまったく関心がない

		回答数	%
	全体	1,971	100.0
1	政府の解釈に賛成	704	35.7
2	政府の解釈に反対	226	11.5
3	どちらともいえない	848	43.0
4	こうした議論にまったく関心がない	185	9.4
5	無回答	8	0.4

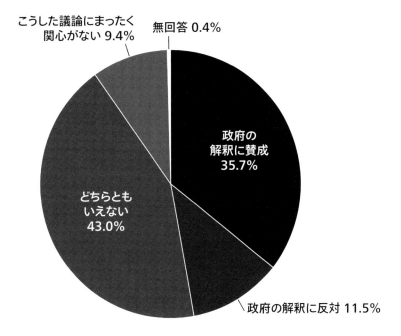

	政府の解釈に賛成	政府の解釈に反対	どちらともいえない	まったく関心がない
29歳以下	33.8%	4.8%	41.3%	20.1%
30～39歳	29.6%	14.2%	42.1%	14.2%
40～49歳	33.8%	8.8%	46.8%	10.6%
50～59歳	33.2%	12.4%	46.1%	8.4%
60～69歳	39.9%	14.0%	42.6%	3.5%
70歳以上	41.6%	13.4%	40.5%	4.4%
合計	35.8%	11.5%	43.3%	9.4%

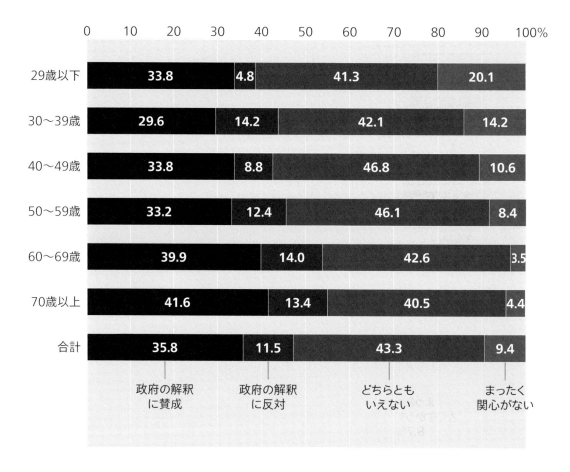

【全員にお尋ねします。】

問12 2015年5月、政府は、「平和安全法制整備法案」と「国際平和支援法案」の2法案（あわせて「平和安全法制」という）を国会に提出しました。この2法案を巡って、国会内外で大きな論争をひきおこしましたが、同年9月に成立しました。これによって、自衛隊は、同盟国のために戦うことが可能になりました。

これらの法案が成立したことについてのあなたの評価を、次の中から1つだけお答えください。（○は1つ）

1．非常によかった　　　2．比較的よかった　　　3．なんともいえない

4．あまりよくなかった　　5．まったくよくなかった

6．法案の内容や議論が理解できない　　　7．関心がない

		回答数	％
	全体	1,971	100.0
1	非常によかった	130	6.6
2	比較的よかった	374	19.0
3	なんともいえない	696	35.3
4	あまりよくなかった	345	17.5
5	まったくよくなかった	171	8.7
6	法案の内容や議論が理解できない	130	6.6
7	関心がない	122	6.2
8	無回答	3	0.2

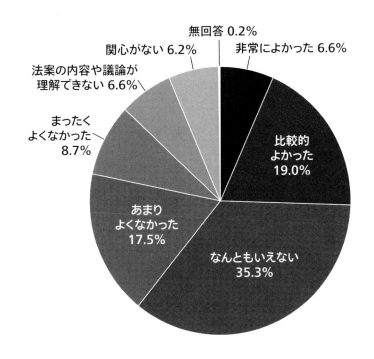

	非常に よかった	比較的 よかった	なんとも いえない	あまり よくなかった	まったく よくなかった	理解 できない	関心がない
29歳以下	3.3%	14.1%	33.3%	18.1%	5.9%	10.7%	14.4%
30 ～ 39歳	5.4%	14.6%	32.9%	20.4%	7.5%	7.1%	12.1%
40 ～ 49歳	4.8%	15.4%	36.6%	21.5%	9.4%	5.7%	6.6%
50 ～ 59歳	5.1%	18.6%	38.0%	19.1%	10.0%	4.0%	5.1%
60 ～ 69歳	9.7%	21.8%	35.6%	15.4%	10.2%	5.7%	1.6%
70歳以上	9.5%	26.4%	35.3%	11.4%	8.2%	7.3%	1.9%
合計	6.6%	19.0%	35.5%	17.4%	8.7%	6.6%	6.3%

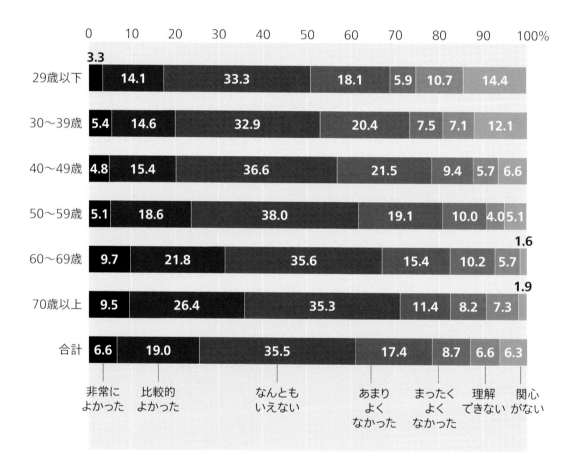

【全員にお尋ねします。】

問13 憲法 9 条に関わる憲法改正について、あなたの考えに最も近い案を次の中から 1 つだけお答えください。（資料 2 憲法 9 条条文をご参照ください）（○は 1 つ）

1．現行憲法 9 条を変えない案

2．憲法 9 条 2 項をそのままに、自衛隊の保持その他を書き加える案

3．専守防衛に徹する自衛隊を憲法 9 条に明記する案（海外での武力行使はしない）

4．集団的自衛権を行使できる自衛隊を憲法 9 条に明記する案
　　（外国軍と一緒に海外で武力行使をすることができる）

5．憲法 9 条を削除する案

6．わからない

【資料 2】

〔戦争の放棄と戦力及び交戦権の否認〕

第九条 日本国民は、正義と秩序を基調とする国際平和を誠実に希求し、国権の発動たる戦争と、武力による威嚇又は武力の行使は、国際紛争を解決する手段としては、永久にこれを放棄する。

2 前項の目的を達するため、陸海空軍その他の戦力は、これを保持しない。国の交戦権は、これを認めない。

		回答数	%
	全体	1,971	100.0
1	現行憲法9条を変えない	426	21.6
2	憲法9条2項をそのままに、自衛隊の保持その他を書き加える	361	18.3
3	専守防衛に徹する自衛隊を憲法9条に明記する	440	22.3
4	集団的自衛権を行使できる自衛隊を憲法9条に明記する	206	10.5
5	憲法9条を削除する	60	3.0
6	わからない	469	23.8
7	無回答	9	0.5

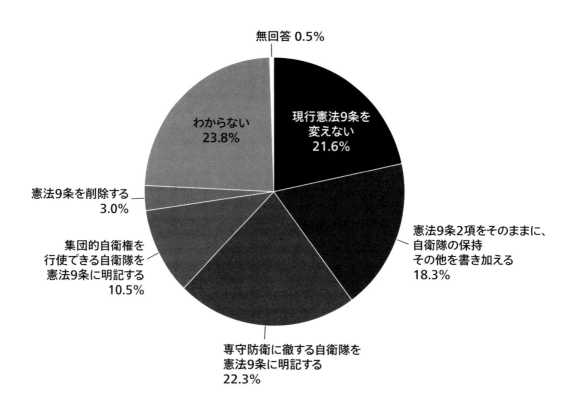

	現行憲法9条を変えない	憲法9条2項をそのままに、自衛隊の保持その他を書き加える	専守防衛に徹する自衛隊を憲法9条に明記する	集団的自衛権を行使できる自衛隊を憲法9条に明記する	憲法9条を削除する	わからない
29歳以下	18.5%	19.3%	16.3%	7.0%	2.6%	36.3%
30〜39歳	19.2%	13.3%	22.1%	9.6%	5.8%	30.0%
40〜49歳	20.6%	14.2%	26.1%	10.9%	2.4%	25.8%
50〜59歳	22.0%	20.9%	23.6%	9.2%	2.4%	22.0%
60〜69歳	25.1%	18.9%	23.8%	12.7%	3.2%	16.2%
70歳以上	22.7%	22.4%	21.6%	11.7%	2.5%	19.1%
合計	21.6%	18.5%	22.5%	10.4%	3.0%	24.0%

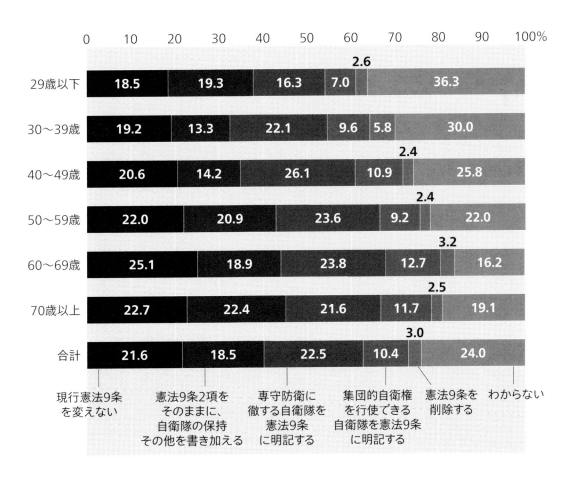

【問13で、「1．現行憲法9条を変えない案」と答えた方にお尋ねします。】

問13-1 その理由を次の中から<u>1つだけ</u>お答えください。（○は1つ）

1．自衛隊は憲法9条に違反していないという憲法解釈の立場にたっているから

2．2015年に成立した「平和安全法制」によって、とりあえず必要な法改正ができたと思うから

3．自衛隊は憲法違反だと思うが、憲法も自衛隊も、国民に定着しているので、現在はそのままにしておいたほうがよいという現実的判断から

4．もともと自衛隊は憲法違反であり、今すぐには無理でも、将来自衛隊を廃止して非軍事中立の方向にいくべきだと考えるから

5．現行の憲法でもそれなりに海外での武力行使の歯止めになっているから

6．憲法9条は、それ自体に高い理念的価値があるから

7．特に理由はない

		回答数	%
	全体	426	100.0
1	自衛隊は憲法9条に違反していないという憲法解釈の立場にたっているから	114	26.8
2	2015年の「平和安全法制」によって、必要な法改正ができたと思うから	28	6.6
3	自衛隊は憲法違反だと思うが、国民に定着しており、そのままでよいという現実的判断から	61	14.3
4	自衛隊は憲法違反であり、自衛隊を廃止して非軍事中立の方向にいくべきだと考えるから	29	6.8
5	現行の憲法でもそれなりに海外での武力行使の歯止めになっているから	53	12.4
6	憲法9条は、それ自体に高い理念的価値があるから	120	28.2
7	特に理由はない	19	4.5
8	無回答	2	0.5

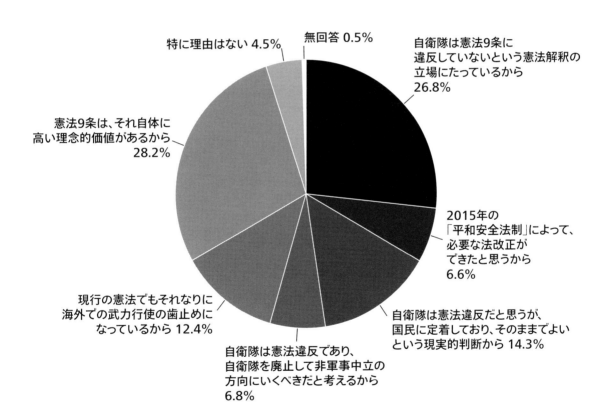

	自衛隊は憲法9条に違反していないという憲法解釈の立場にたっているから	2015年の「平和安全法制」によって、必要な法改正ができたと思うから	自衛隊は憲法違反だと思うが、国民に定着しており、そのままでよいという現実的判断から	自衛隊は憲法違反であり、自衛隊を廃止して非軍事中立の方向にいくべきだと考えるから	現行の憲法でもそれなりに海外での武力行使の歯止めになっているから	憲法9条は、それ自体に高い理念的価値があるから	特に理由はない
29歳以下	30.0%	12.0%	12.0%	4.0%	10.0%	26.0%	6.0%
30〜39歳	21.7%	6.5%	15.2%	4.3%	10.9%	28.3%	13.0%
40〜49歳	19.4%	4.5%	10.4%	7.5%	22.4%	34.3%	1.5%
50〜59歳	28.8%	3.8%	13.8%	6.3%	12.5%	30.0%	5.0%
60〜69歳	30.1%	6.5%	10.8%	11.8%	10.8%	26.9%	3.2%
70歳以上	30.1%	7.2%	21.7%	4.8%	9.6%	24.1%	2.4%
合計	27.2%	6.4%	14.1%	6.9%	12.6%	28.2%	4.5%

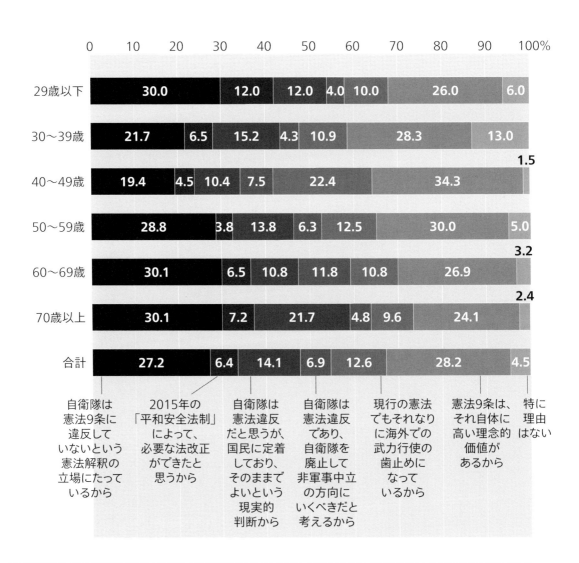

【全員にお尋ねします。】

問14 自衛隊の海外活動について、次のような意見があります。

> 「自衛隊は戦闘組織である以上、必然的に誤射・誤爆による民間人殺害などの国際人道法違反（戦争犯罪）を犯す可能性がある。それをわが国が自ら審理しないのは国際的にみても通用しない。そのためにも日本は独自の軍事法規や軍事裁判所を持つべきであるが、現行憲法第76条が特別裁判所を禁止しているためにそれができない。この状況を速やかに解決すべきである。」

この意見に対するあなたの考えを、次の中から<u>1つだけ</u>お答えください。（○は1つ）

　1．憲法を改正し、日本も独自の軍事法規や軍事裁判所を持つべきである

　2．現行の憲法・法律および裁判所によって対処すべきである

　3．なんともいえない

　4．なにが問題なのか意味がわからない

　5．関心がない

		回答数	%
	全体	1,971	100.0
1	憲法を改正し、日本も独自の軍事法規や軍事裁判所を持つべきである	445	22.6
2	現行の憲法・法律および裁判所によって対処すべきである	632	32.1
3	なんともいえない	646	32.8
4	なにが問題なのか意味がわからない	134	6.8
5	関心がない	105	5.3
6	無回答	9	0.5

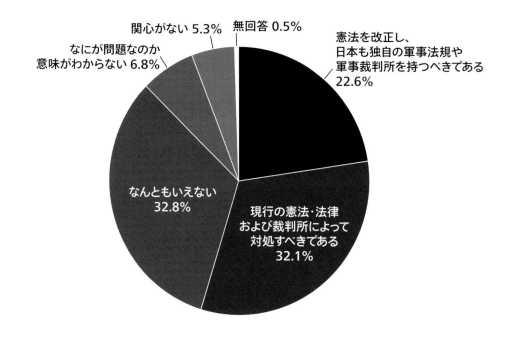

	憲法を改正し、日本も独自の軍事法規や軍事裁判所を持つべきである	現行の憲法・法律および裁判所によって対処すべきである	なんともいえない	なにが問題なのか意味がわからない	関心がない
29歳以下	21.1%	24.8%	37.0%	6.7%	10.4%
30〜39歳	32.5%	19.6%	30.0%	8.3%	9.6%
40〜49歳	25.4%	30.8%	33.8%	6.6%	3.3%
50〜59歳	23.0%	31.2%	33.9%	5.1%	6.8%
60〜69歳	19.1%	41.0%	33.7%	4.6%	1.6%
70歳以上	17.6%	40.1%	29.1%	9.9%	3.3%
合計	22.6%	32.3%	32.9%	6.8%	5.4%

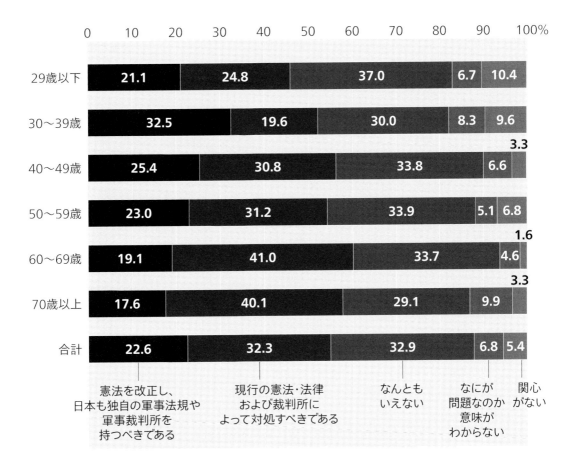

4 自衛隊の人材確保（問15〜問17）

【全員にお尋ねします。】

問15 国民に対して強制的に兵役を課す制度が徴兵制です。現在、日本では、憲法の趣旨から徴兵制を認めていませんが、将来、状況によっては徴兵制が論議されるときが来ないとも限りません。 徴兵制について、あなたの意見を、次の中から 1 つだけお答えください。（○は 1 つ）

1．賛成である　　　　　　　　　2．どちらかといえば賛成である
3．どちらともいえない
4．どちらかといえば反対である　5．反対である
6．関心がない

		回答数	％
	全体	1,971	100.0
1	賛成	49	2.5
2	どちらかといえば賛成	166	8.4
3	どちらともいえない	266	13.5
4	どちらかといえば反対	447	22.7
5	反対	980	49.7
6	関心がない	57	2.9
7	無回答	6	0.3

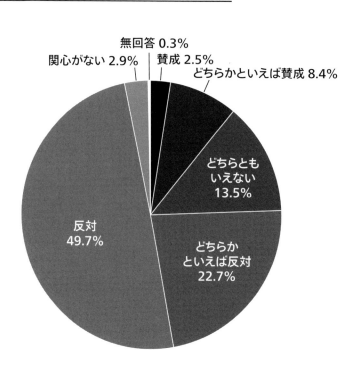

無回答 0.3%
関心がない 2.9%　賛成 2.5%
どちらかといえば賛成 8.4%
どちらともいえない 13.5%
反対 49.7%
どちらかといえば反対 22.7%

	賛成	どちらかと いえば賛成	どちらとも いえない	どちらかと いえば反対	反対	関心がない
29歳以下	0.4%	4.1%	13.0%	18.5%	56.3%	7.8%
30〜39歳	0.4%	7.1%	12.6%	22.6%	54.0%	3.3%
40〜49歳	3.3%	7.3%	9.7%	22.7%	54.7%	2.4%
50〜59歳	1.9%	6.5%	14.1%	21.1%	53.2%	3.2%
60〜69歳	2.2%	8.4%	14.6%	25.6%	48.2%	1.1%
70歳以上	5.2%	15.8%	16.3%	24.3%	37.3%	1.1%
合計	2.4%	8.5%	13.5%	22.6%	50.1%	2.9%

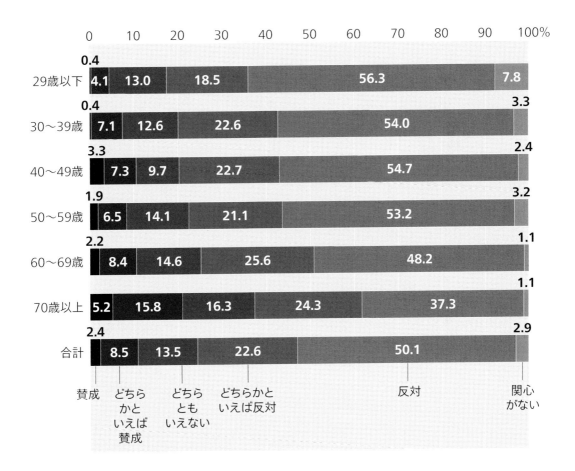

【問15で、「1．賛成である」「2．どちらかといえば賛成である」と答えた方にお尋ねします。】

問15-1 徴兵制について賛成の理由を、次の中から<u>いくつでも</u>お答えください。（○はいくつでも）

1．国の防衛は国民すべてで行うのがのぞましく、徴兵制が基本だと思うから

2．少子高齢化が進めば、兵員補充の手段として徴兵制を導入することも選択肢のひとつであると思うから

3．徴兵による軍隊生活が、若者に規律や秩序、国民意識や国防意識を涵養する機会になると思うから

4．軍事技術の専門化と兵員確保の視点からみて、志願制と徴兵制をくみあわせた兵力補充のシステムを考えておくべきだと思うから

5．良心的兵役拒否が法的に保障されていれば、徴兵制があってもいいと思うから

6．特に理由はない

		回答数	%
	全体	215	100.0
1	国の防衛は国民すべてで行うのがのぞましく、徴兵制が基本	76	35.3
2	少子高齢化で、兵員補充の手段として徴兵制を導入することも選択肢	106	49.3
3	若者に規律や秩序、国民意識や国防意識を涵養する機会になる	135	62.8
4	志願制と徴兵制をくみあわせた兵力補充を考えておくべき	74	34.4
5	良心的兵役拒否が法的に保障されていれば、徴兵制があってもいい	53	24.7
6	特に理由はない	1	0.5

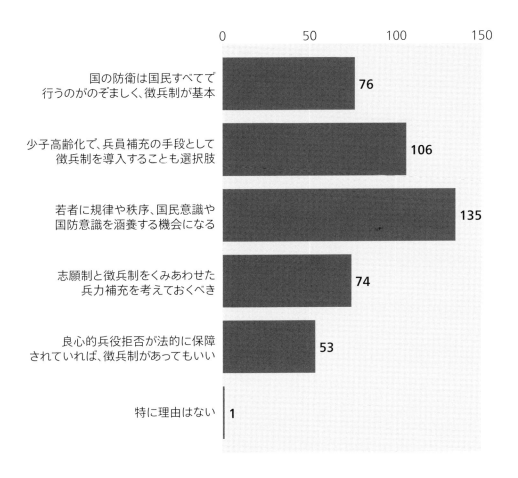

【問15で、「4．どちらかといえば反対である」「5．反対である」と答えた方にお尋ねします。】

問15-2 徴兵制について反対の理由を、次の中から<u>いくつでも</u>お答えください。（○はいくつでも）

1．徴兵制は基本的人権の侵害であり、苦役の強制だと思うから

2．徴兵制は、経済やその他の重要な社会活動を阻害することが多いから

3．徴兵制は、選抜方法によっては新たな不平等を生みやすいので、慎重に考えるべきであるから

4．日本の場合、まず国民の権利義務についての根本的議論をしないといけないと思うので、徴兵制の議論は早すぎるから

5．宗教的信念や思想・信条に反するから

6．現在は軍事の専門化がすすんでいるので徴兵制は役にたたないと思うから

7．特に理由はない

		回答数	%
	全体	1,427	100.0
1	基本的人権の侵害であり、苦役の強制	946	66.3
2	経済やその他の重要な社会活動を阻害	441	30.9
3	選抜方法で新たな不平等を生みやすい	531	37.2
4	まず国民の権利義務の根本的議論をしないといけない	351	24.6
5	宗教的信念や思想・信条に反する	78	5.5
6	現在は軍事の専門化がすすんでいるので徴兵制は役にたたない	261	18.3
7	特に理由はない	38	2.7
8	無回答	10	0.7

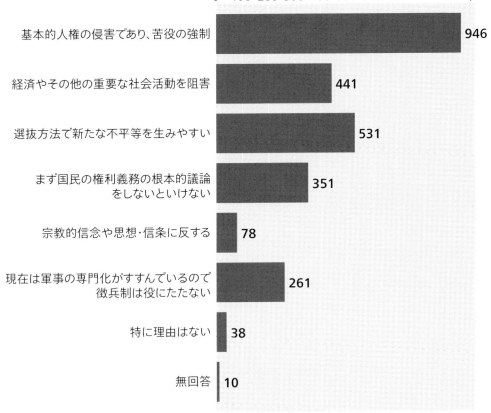

【全員にお尋ねします。】

問16 世界各国の軍事組織は、女性人員の採用・登用の拡大をはかっています。日本でも女性自衛官の採用や登用に努めており、いろいろな観点から議論されています。 あなたは女性自衛官が増えることに賛成ですか、反対ですか。次の中から 1 つだけお答えください。（○は 1 つ）

　　1．賛成である　　　　　　　　　　2．どちらかといえば賛成である
　　3．どちらともいえない
　　4．どちらかといえば反対である　　5．反対である
　　6．関心がない

		回答数	%
	全体	1,971	100.0
1	賛成	582	29.5
2	どちらかといえば賛成	671	34.0
3	どちらともいえない	500	25.4
4	どちらかといえば反対	93	4.7
5	反対	47	2.4
6	関心がない	73	3.7
7	無回答	5	0.3

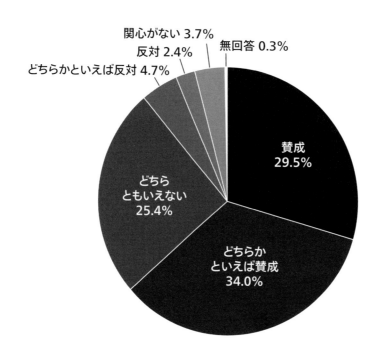

	賛成	どちらかと いえば賛成	どちらとも いえない	どちらかと いえば反対	反対	関心がない
29歳以下	33.1%	30.1%	23.0%	2.2%	3.0%	8.6%
30〜39歳	35.0%	31.7%	20.8%	7.1%	1.3%	4.2%
40〜49歳	30.2%	31.4%	28.1%	3.6%	2.4%	4.2%
50〜59歳	28.0%	34.8%	27.0%	4.3%	2.4%	3.5%
60〜69歳	25.5%	37.6%	28.8%	4.0%	2.2%	1.9%
70歳以上	28.7%	36.9%	22.7%	7.1%	3.0%	1.6%
合計	29.6%	34.1%	25.4%	4.7%	2.4%	3.7%

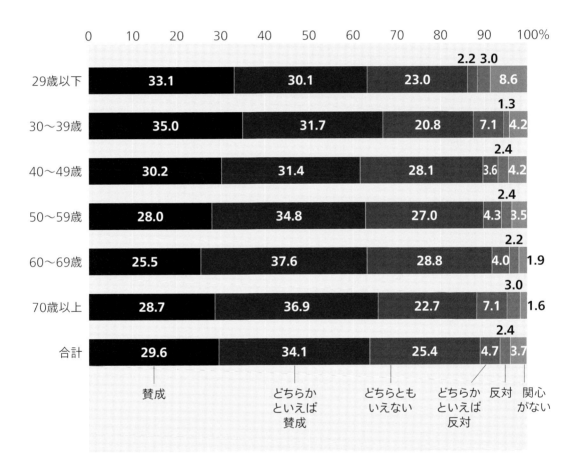

【問16で、「1．賛成である」「2．どちらかといえば賛成である」と答えた方にお尋ねします。】

問16-1 その最も強い理由を次の中から1つだけあげてください。（○は1つ）

1．軍事組織は、多様な人材があってこそ任務遂行能力や作戦効果が向上するものだから

2．男女平等や男女の機会均等の視点から当然だから

3．住民と接触することのある救助活動・支援活動など、女性自衛官の存在が不可欠な活動分野があると思うから

4．少子高齢化がすすむ以上、女性自衛官の任用拡大は必要だと思うから

5．尊敬する女性自衛官がいるから

6．女性自衛官の存在が自衛隊に対する好感度を高めていると思うから

7．特に理由はない

		回答数	%
	全体	1,253	100.0
1	軍事組織は、多様な人材があってこそ任務遂行能力や作戦効果が向上する	235	18.8
2	男女平等や男女の機会均等の視点から当然	375	29.9
3	住民と接触する救助活動·支援活動など、女性自衛官が不可欠な活動分野がある	453	36.2
4	少子高齢化がすすむ以上、女性自衛官の任用拡大は必要	70	5.6
5	尊敬する女性自衛官がいる	0	0.0
6	女性自衛官の存在が自衛隊に対する好感度を高めている	7	0.6
7	特に理由はない	7	0.6
8	無回答	106	8.5

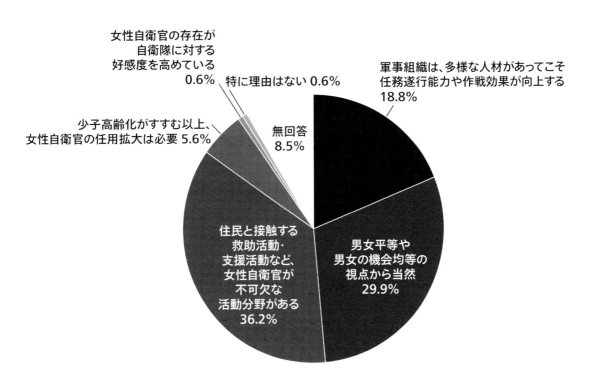

	軍事組織は、多様な人材があってこそ任務遂行能力や作戦効果が向上する	男女平等や男女の機会均等の視点から当然	住民と接触する救助活動・支援活動など、女性自衛官が不可欠な活動分野がある	少子高齢化がすすむ以上、女性自衛官の任用拡大は必要	女性自衛官の存在が自衛隊に対する好感度を高めている	特に理由はない
29歳以下	22.7%	39.3%	27.3%	8.0%	0.7%	2.0%
30〜39歳	23.3%	46.0%	26.0%	4.7%	0.0%	0.0%
40〜49歳	18.7%	33.2%	40.6%	5.3%	0.5%	1.6%
50〜59歳	21.4%	32.0%	39.8%	5.8%	0.5%	0.5%
60〜69歳	21.0%	30.4%	43.0%	4.2%	1.4%	0.0%
70歳以上	17.4%	23.0%	50.4%	8.7%	0.4%	0.0%
合計	20.5%	32.9%	39.2%	6.2%	0.6%	0.6%

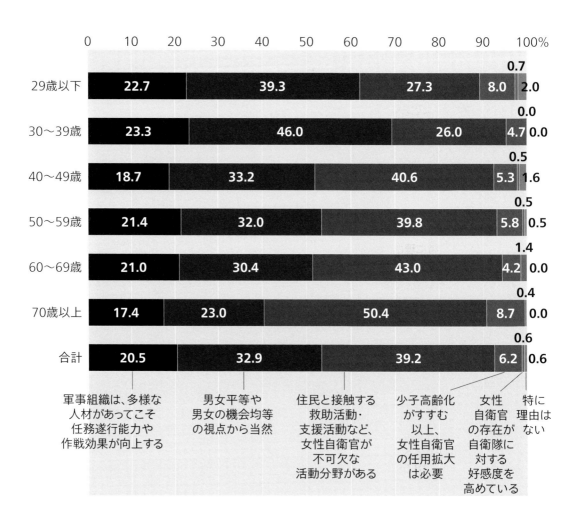

【問16で、「4．どちらかといえば反対である」「5．反対である」と答えた方にお尋ねします。】
問16-2 その最も強い理由を次の中から1つだけあげてください。（○は1つ）

1．男女平等を強調する風潮に反対だから
2．自衛隊には危険な任務が多いので、母性保護の立場から、女性自衛官が増えることに反対だから
3．女性自衛官には結婚・育児などによる早期退職の可能性があり、組織の効率を考えれば単純に任用拡大をはかるべきではないと思うから
4．自衛隊のような軍事組織は、やはり男性が中心となるべきだと考えるから
5．自衛隊の存在そのものに反対だから
6．特に理由はない

		回答数	％
	全体	140	100.0
1	男女平等を強調する風潮に反対	7	5.0
2	自衛隊には危険な任務が多く、母性保護から、女性自衛官が増えることに反対	37	26.4
3	女性自衛官には早期退職の可能性があり、単純に任用拡大をはかるべきではない	39	27.9
4	自衛隊のような軍事組織は、やはり男性が中心となるべき	26	18.6
5	自衛隊の存在そのものに反対	16	11.4
6	特に理由はない	3	2.1
7	無回答	12	8.6

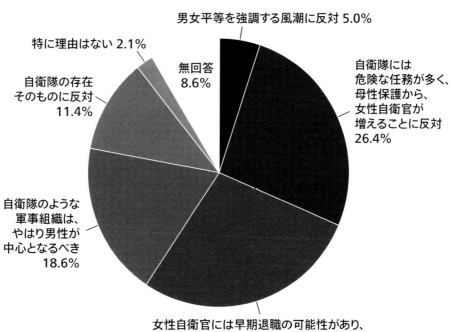

	男女平等を強調する風潮に反対	自衛隊には危険な任務が多く、母性保護から、女性自衛官が増えることに反対	女性自衛官には早期退職の可能性があり、単純に任用拡大をはかるべきではない	自衛隊のような軍事組織は、やはり男性が中心となるべき	自衛隊の存在そのものに反対	特に理由はない
29歳以下	0.0%	20.0%	10.0%	40.0%	20.0%	10.0%
30〜39歳	0.0%	38.9%	33.3%	22.2%	0.0%	5.6%
40〜49歳	5.9%	47.1%	29.4%	5.9%	11.8%	0.0%
50〜59歳	8.7%	26.1%	34.8%	21.7%	8.7%	0.0%
60〜69歳	4.3%	30.4%	26.1%	21.7%	17.4%	0.0%
70歳以上	8.3%	19.4%	33.3%	19.4%	16.7%	2.8%
合計	5.5%	29.1%	29.9%	20.5%	12.6%	2.4%

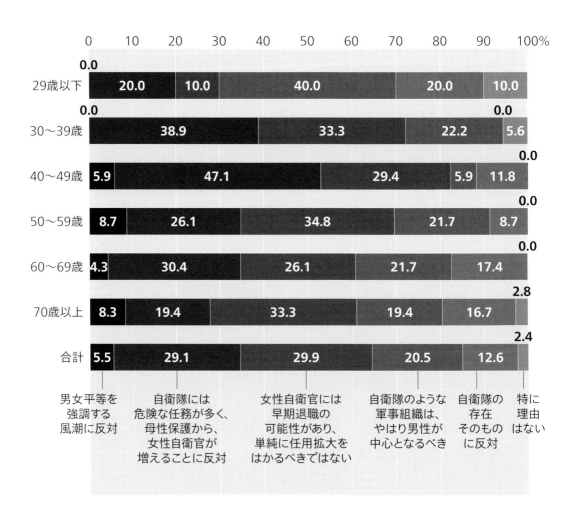

【全員にお尋ねします。】

問17 自衛隊の募集、見学、質問、相談等の窓口として各都道府県に自衛隊地方協力本部がおかれています。あなたはそのことを知っていますか。次の中から<u>1つだけ</u>お答えください。（○は1つ）

1．知っており、利用したことがある
2．知っているが、利用したことはない
3．知らない
4．関心がない

		回答数	％
	全体	1,971	100.0
1	知っており、利用したことがある	64	3.2
2	知っているが、利用したことはない	848	43.0
3	知らない	969	49.2
4	関心がない	62	3.1
5	無回答	28	1.4

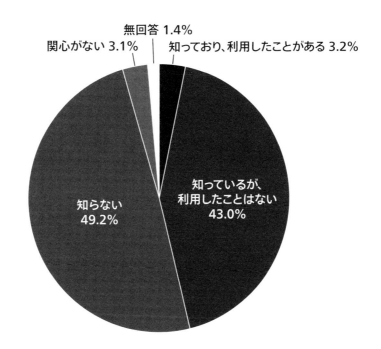

	知っており、利用したことがある	知っているが、利用したことはない	知らない	関心がない
29歳以下	2.6%	28.4%	60.1%	9.0%
30〜39歳	2.1%	35.4%	59.5%	3.0%
40〜49歳	3.9%	39.4%	54.5%	2.1%
50〜59歳	4.9%	40.8%	51.0%	3.3%
60〜69歳	2.2%	53.4%	42.8%	1.6%
70歳以上	3.1%	56.9%	38.4%	1.7%
合計	3.2%	43.6%	50.0%	3.2%

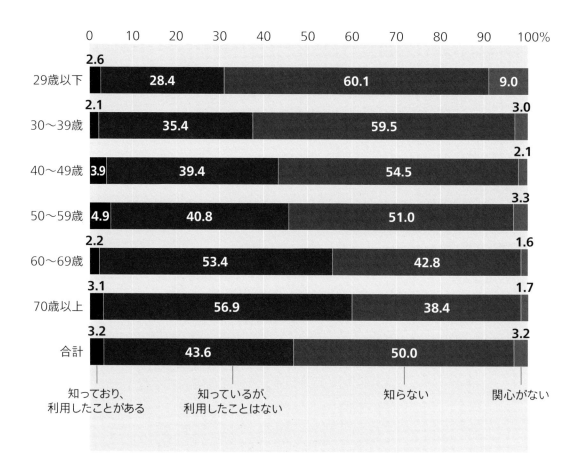

【全員にお尋ねします。】

問18 日本の防衛体制や防衛庁・自衛隊の現状や動向について簡単に知るためには、次のような資料が便利だとされています。あなたは知っていますか、また読んだことがありますか。

（それぞれ○は1つずつ）

		問18−1 知っていますか			【問18-1で「2知っている」とお答えの資料について】 問18−2 読んだことがありますか	
		知らない	知っている		読んだことがある	読んだことがない
a.『防衛白書』 （防衛省・年刊）	⇒	1	2	⇒	1	2
b.『防衛ハンドブック』 （朝雲新聞社・年刊）	⇒	1	2	⇒	1	2
c.『防衛年鑑』 （防衛年鑑刊行会・年刊）	⇒	1	2	⇒	1	2
d.『自衛隊年鑑』 （防衛日報社・年刊）	⇒	1	2	⇒	1	2
e.『自衛隊装備年鑑』 （朝雲新聞社・年刊）	⇒	1	2	⇒	1	2
f.『MAMOR（マモル）』 （扶桑社・月刊）	⇒	1	2	⇒	1	2
g.『軍事研究』（ジャパン・ ミリタリー・レヴュー・月刊）	⇒	1	2	⇒	1	2
h.『防衛ホーム』 （防衛ホーム新聞社・月2回刊）	⇒	1	2	⇒	1	2
i.『朝雲』 （朝雲新聞社・週刊）	⇒	1	2	⇒	1	2
j.『防衛日報』 （防衛日報社・日刊）	⇒	1	2	⇒	1	2

（回答数 1,971）	問18-1			問18-2			
	知らない	知っている	無回答	回答数	読んだことがある	読んだことがない	無回答
a.防衛白書	64.4%	32.5%	3.1%	641	13.9%	83.6%	2.5%
b.防衛ハンドブック	88.7%	7.5%	3.9%	147	17.0%	74.8%	8.2%
c.防衛年鑑	87.0%	8.9%	4.1%	175	12.6%	77.1%	10.3%
d.自衛隊年鑑	89.3%	6.4%	4.3%	126	16.7%	71.4%	11.9%
e.自衛隊装備年鑑	89.9%	5.6%	4.5%	111	16.7%	71.4%	11.9%
f.MAMOR（マモル）	90.0%	5.8%	4.2%	114	32.5%	58.8%	8.8%
g.軍事研究	91.2%	4.7%	4.2%	92	22.8%	65.2%	12.0%
h.防衛ホーム	93.3%	2.5%	4.3%	49	12.2%	61.2%	26.5%
i.朝雲	91.3%	4.6%	4.1%	63	31.7%	49.2%	19.0%
j.防衛日報	91.3%	4.6%	4.1%	90	11.1%	75.6%	13.3%

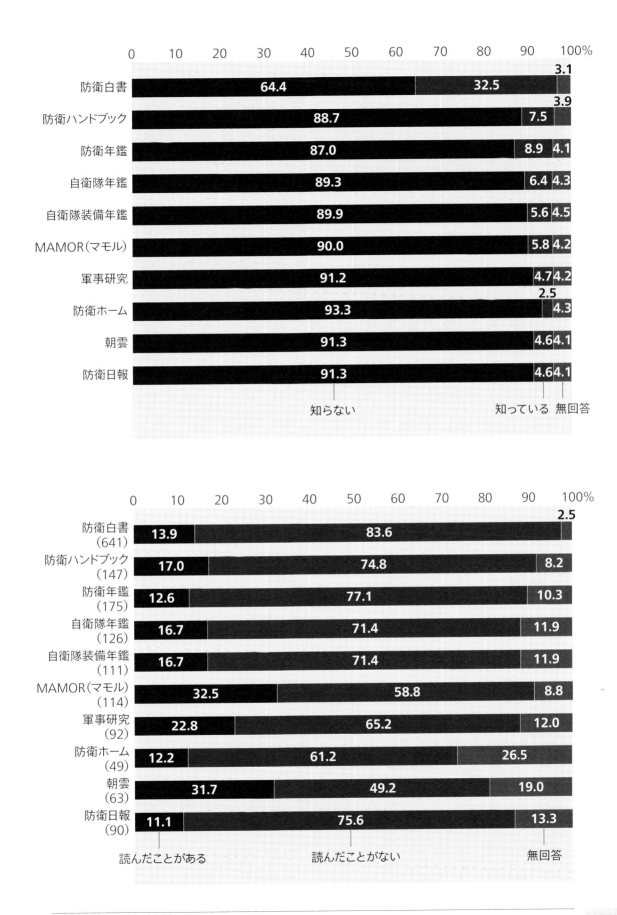

【全員にお尋ねします。】

問19 日本の防衛体制や自衛隊についてのあなたの感想や意見に大きな影響をあたえたと思われる小説・マンガ・アニメ・映画・ドラマ・音楽・論文・評論・記事などがあれば、いくつでもあげてください。(1)

順位	作品名・人名等	件数
1	海猿	56
2	空飛ぶ広報室	45
3	沈黙の艦隊	41
4	戦国自衛隊	37
5	空母いぶき	33
6	カズレーザー	26
7	永遠の0	25
7	火垂るの墓	25
9	はだしのゲン	23
9	亡国のイージス	23
11	GATE［自衛隊 彼の地にて、斯く戦えり］	21
12	ジパング	20
13	シン・ゴジラ	19
14	沸騰ワード	15
15	日本沈没	14
16	ゴジラ	13
16	宇宙戦艦ヤマト	13
18	ブルーインパルス	11
19	ライジングサン	10

順位	作品名・人名等	件数
19	硫黄島からの手紙	10
21	図書館戦争	9
22	あおざくら［防衛大学校物語］	8
22	男たちの大和	8
22	有川浩	8
25	坂の上の雲	7
26	トラ・トラ・トラ	6
26	野性の証明	6
28	［機動戦士］ガンダム	5
28	トップガン	5
28	戦艦大和	5
31	そこまで言って委員会	4
31	エール	4
31	塩の街	4
31	戦争論	4
31	読売	4
31	日本テレビ	4
37	TBS	3
37	この世界の片隅に	3

(1) 自由記述回答から、作品名・人名・組織名・番組名と判断される単語を抽出し、下記の方針で、それらの出現頻度を集計した。

- 表記の揺れは事前に統一した（例：「永遠のゼロ」→「永遠の0」）。
- 必ずしも自衛隊を直接には描いていない作品（例：「海猿」）も回答に含まれているが、それらも含めて集計した。
- 作者名と作品名を並べた回答（例：かわぐちかいじ「ジパング」）については、作者名（人名）と作品名は別々に集計した。
- 組織名・作品名の省略部分は、集計表内では［　］内に補完した（例：読売［新聞］、［機動戦士］ガンダム）。

順位	作品名・人名等	件数
37	プライムニュース	3
37	ミッドウェイ	3
37	海の底	3
37	空の中	3
37	紺碧の艦隊	3
37	三島由紀夫	3
37	山本五十六	3
37	紫電改のタカ	3
37	朝日［新聞］	3
37	天空の蜂	3
37	日本の一番長い日	3
37	毎日［新聞］	3
37	連合艦隊	3
52	かわぐちかいじ	2
52	きけわだつみのこえ	2
52	さとうきび畑	2
52	それでも、日本人は「戦争」を選んだ	2
52	ひそねとまそたん	2
52	ひめゆりの塔	2
52	エースコンバット	2
52	ガメラ	2
52	クジラの彼	2
52	クラウゼヴィッツ	2
52	ゴルゴ13	2
52	バトルシップ	2
52	ビルマの竪琴	2
52	ファントム無頼	2
52	［BS］フジ	2
52	プライベート・ライアン	2
52	ベストガイ	2
52	綾野剛	2
52	艦隊これくしょん	2
52	迎撃せよ	2

順位	作品名・人名等	件数
52	司馬遼太郎	2
52	守ってあげたい	2
52	小林よしのり	2
52	真珠湾攻撃	2
52	生存者ゼロ	2
52	朝まで生テレビ	2
52	動乱	2
52	日経［新聞］	2
52	八甲田山	2
52	野火	2
82	0戦はやと	1
82	［ぼくらの］七日間戦争	1
82	COPPELION	1
82	THE COCKPIT	1
82	Tears	1
82	Uボート	1
82	X Japan	1
82	おしん	1
82	おひとりさま自衛隊	1
82	この国のかたち	1
82	この素晴らしい世界に祝福を!	1
82	ちいちゃんのかげおくり	1
82	のらくろ	1
82	ひぐらしのなく頃に	1
82	ひろしまのピカ	1
82	ぴくせるまりたん	1
82	まりんこゆみ	1
82	よみがえる空	1
82	アーミーマン	1
82	アルマゲドン	1
82	アンダーディフィート	1
82	［新世紀］エヴァンゲリオン	1
82	オルタナティブ	1
82	カイジ	1

順位	作品名・人名等	件数
82	カエルの楽園	1
82	カント	1
82	ガンゲイル・オンライン	1
82	キリングフィールド	1
82	グリーンゾーン	1
82	ゴーマニズム宣言	1
82	サーカスにゾウがやってきた	1
82	スクランブル	1
82	ストライクウィッチーズ	1
82	ストライク・ザ・ブラッド	1
82	ソードアート・オンライン	1
82	テラフォーマーズ	1
82	テレビ東京	1
82	デート・ア・ライブ	1
82	デイアフタートゥモロー	1
82	ドラえもん	1
82	ニセコ要塞1986	1
82	ハートロッカー	1
82	ハイスクール・フリート	1
82	バトルフィールド5	1
82	［機動警察］パトレイバー	1
82	ペリリュー　－楽園のゲルニカ－	1
82	ペリリュー・沖縄戦記	1
82	ムルデカ17805	1
82	ユリョン	1
82	ラブコメ今昔	1
82	レイテに死せず	1
82	ローレライ	1
82	ロッキー	1
82	亜人	1
82	阿蘇要塞1995	1
82	愛の不時着	1
82	旭日の艦隊	1
82	異国の丘	1

順位	作品名・人名等	件数
82	宇宙の戦士	1
82	永遠平和について	1
82	岡崎久彦	1
82	河野行政改革担当大臣	1
82	花は咲く	1
82	課長島耕作	1
82	海行かば	1
82	海上護衛戦	1
82	学園黙示録 HIGH SCHOOL OF THE DEAD	1
82	艦長たちの太平洋戦争	1
82	銀河連合日本	1
82	君が代	1
82	君と世界が終わる日に	1
82	君死にたもふことなかれ	1
82	軍艦マーチ	1
82	月光の夏	1
82	憲法の常識　常識の憲法	1
82	江畑謙介	1
82	高嶋哲夫	1
82	坂井三郎	1
82	桜ひとひら	1
82	桜らららら	1
82	桜井よしこ	1
82	山岡壮八	1
82	産経［新聞］	1
82	自衛隊に入ろう	1
82	自衛隊の今がわかる本	1
82	自衛隊式ダイエット	1
82	自衛隊防災BOOK	1
82	秋刀魚の味	1
82	終わらざる夏	1
82	十和田要塞1991	1
82	小松左京	1

順位	作品名・人名等	件数
82	小説太平洋戦争	1
82	小野田少尉	1
82	新垣結衣	1
82	神谷宗幣が行く	1
82	進撃の巨人	1
82	人間の条件	1
82	雪風ハ沈マズ	1
82	千里眼シリーズ	1
82	宣戦布告	1
82	川の深さは	1
82	戦海の剣	1
82	戦国日本と大航海時代	1
82	戦場のピアニスト	1
82	戦争が大嫌いな人のための正しく学ぶ安保法制	1
82	戦争を知らない子供たち	1
82	戦略・戦術でわかる太平洋戦争	1
82	戦略的思考とは何か	1
82	曽野綾子	1
82	総隊長の回想	1
82	孫子	1
82	村上龍	1
82	太平洋の翼	1
82	太平洋の嵐	1
82	大井篤	1
82	大空のちかい	1
82	大空のサムライ	1
82	第五福竜丸	1
82	池上彰	1
82	中島みゆき	1
82	超日本史	1
82	土漠の花	1
82	突撃!自衛官妻	1
82	内閣総理大臣　桜庭皇一郎	1

順位	作品名・人名等	件数
82	二〇三高地	1
82	日米地位協定	1
82	日本国召喚	1
82	半島を出よ	1
82	半藤一利	1
82	百地章	1
82	武田鉄矢	1
82	淵田美津雄	1
82	兵士に聞け	1
82	平良隆久	1
82	豊田穣	1
82	北野のパワーゲーム	1
82	無責任艦長タイラー	1
82	名探偵コナン　絶海の探偵	1
82	茂木誠	1
82	木俣滋郎	1
82	野坂昭如	1
82	憂国の論理	1
82	与謝野晶子	1
82	零戦撃墜王	1
82	翔ぶが如く	1

【全員にお尋ねします。】

問20 あなたは、日本の防衛問題に関するマスメディア（テレビ、新聞、雑誌など）の報道について、全体としてどのような問題点があると思いますか。次のうち、あなたの考えに最も近いものを<u>1つだけ</u>お答えください。（○は1つ）

   1．単なる政府広報のような報道が多く、批判性に乏しい

   2．単なる政府批判のような報道が多く、偏っている

   3．報道内容そのものが、質的にレベルが低い

   4．報道内容そのものが、量的に少ない

   5．全体としてバランスの取れた報道になっており、あまり問題はない

   6．わからない・なんともいえない

		回答数	%
	全体	1,971	100.0
1	単なる政府広報のような報道が多く、批判性に乏しい	120	6.1
2	単なる政府批判のような報道が多く、偏っている	339	17.2
3	報道内容そのものが、質的にレベルが低い	231	11.7
4	報道内容そのものが、量的に少ない	531	26.9
5	全体としてバランスの取れた報道になっており、あまり問題はない	101	5.1
6	わからない・なんともいえない	607	30.8
7	無回答	42	2.1

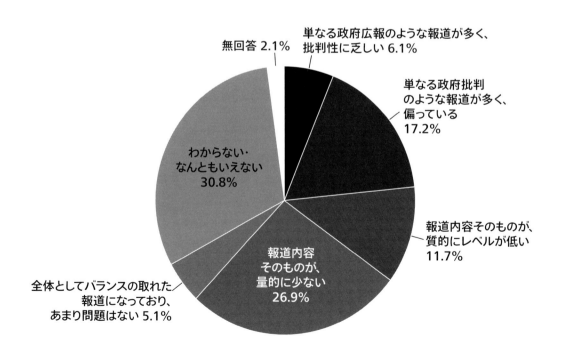

	単なる政府広報のような報道が多く、批判性に乏しい	単なる政府批判のような報道が多く、偏っている	報道内容そのものが、質的にレベルが低い	報道内容そのものが、量的に少ない	全体としてバランスの取れた報道になっており、あまり問題はない	わからない・なんともいえない
29歳以下	3.0%	17.2%	12.3%	22.4%	4.9%	40.3%
30〜39歳	6.4%	20.4%	16.6%	23.8%	3.0%	29.8%
40〜49歳	3.7%	18.9%	14.9%	29.6%	4.3%	28.7%
50〜59歳	7.4%	16.4%	11.8%	28.8%	4.4%	31.2%
60〜69歳	6.4%	18.0%	11.9%	26.9%	6.9%	29.9%
70歳以上	9.9%	16.1%	6.5%	30.1%	7.0%	30.4%
合計	6.3%	17.7%	12.0%	27.3%	5.2%	31.5%

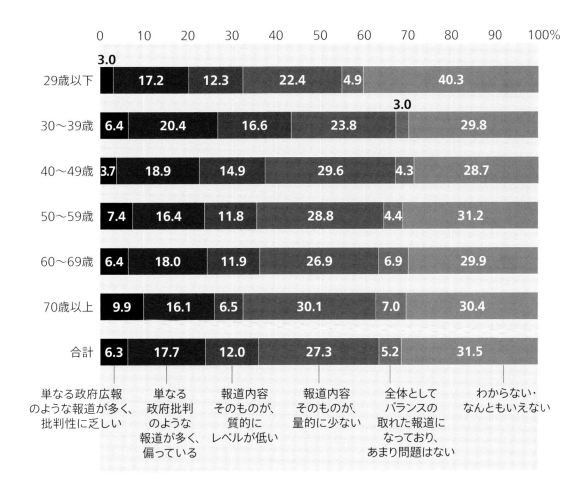

6 自衛隊の役割と活動（問21〜問24）

【全員にお尋ねします。】

問21 自衛隊の果たすべき役割は、「自衛隊法」その他の法律や政令に明記されています。あなたが自衛隊の役割として特に重要だと思うものを、次の中から<u>5つまで</u>お答えください。

（○は5つまで）

1．外部からの武力攻撃に対して我が国を防衛する
2．密接な関係にある他国が武力攻撃を受けたとき、必要あれば武力行使する
3．武力攻撃にまきこまれた住民の避難・救援・応急など、国民を保護する
4．海上警備行動（不審船や海賊への対処など、海上における人命・財産の保護、治安維持のための行動）
5．領空侵犯に対する処置
6．弾道ミサイル攻撃に対する迎撃・破壊措置
7．国内の治安維持のための治安出動
8．地震・台風・水害などに際しての災害派遣
9．原子力災害派遣
10．不発弾や機雷などの処理
11．在外邦人の保護
12．国連PKOや国際緊急援助活動など国際平和協力活動に対する協力
13．アメリカ、オーストラリア、イギリスの軍隊に対する物品や役務の提供
14．各国防衛当局との交流・協力の推進
15．途上国の安全保障・防衛関連分野における能力構築を支援する
16．軍備管理・軍縮・核の不拡散への取り組み
17．サイバー防衛への取り組み
18．宇宙空間の安定利用の確保
19．特にない
20．わからない

		回答数	%
	全体	1,971	100.0
1	外部からの武力攻撃に対して我が国を防衛する	1,427	72.4
2	密接な関係にある他国が武力攻撃を受けたとき、必要あれば武力行使する	211	10.7
3	武力攻撃にまきこまれた住民の避難・救援・応急など、国民を保護する	1,199	60.8
4	海上警備行動（海上における人命・財産の保護、治安維持のための行動）	1,007	51.1
5	領空侵犯に対する処置	626	31.8
6	弾道ミサイル攻撃に対する迎撃・破壊措置	566	28.7
7	国内の治安維持のための治安出動	425	21.6
8	地震・台風・水害などに際しての災害派遣	1,518	77.0
9	原子力災害派遣	153	7.8
10	不発弾や機雷などの処理	300	15.2
11	在外邦人の保護	145	7.4
12	国連PKOや国際緊急援助活動など国際平和協力活動に対する協力	310	15.7
13	アメリカ、オーストラリア、イギリスの軍隊に対する物品や役務の提供	11	0.6
14	各国防衛当局との交流・協力の推進	102	5.2
15	途上国の安全保障・防衛関連分野における能力構築を支援する	66	3.3
16	軍備管理・軍縮・核の不拡散への取り組み	65	3.3
17	サイバー防衛への取り組み	381	19.3
18	宇宙空間の安定利用の確保	69	3.5
19	特にない	14	0.7
20	わからない	52	2.6
21	無回答	61	3.1

	0	200	400	600	800	1,000	1,200	1,400	1,600

外部からの武力攻撃に対して我が国を防衛する **1427**

密接な関係にある他国が武力攻撃を受けたとき、必要あれば武力行使する **211**

武力攻撃にまきこまれた住民の避難・救援・応急など、国民を保護する **1199**

海上警備行動（海上における人命・財産の保護、治安維持のための行動） **1007**

領空侵犯に対する処置 **626**

弾道ミサイル攻撃に対する迎撃・破壊措置 **566**

国内の治安維持のための治安出動 **425**

地震・台風・水害などに際しての災害派遣 **1518**

原子力災害派遣 **153**

不発弾や機雷などの処理 **300**

在外邦人の保護 **145**

国連PKOや国際緊急援助活動など国際平和協力活動に対する協力 **310**

アメリカ、オーストラリア、イギリスの軍隊に対する物品や役務の提供 **11**

各国防衛当局との交流・協力の推進 **102**

途上国の安全保障・防衛関連分野における能力構築を支援する **66**

軍備管理・軍縮・核の不拡散への取り組み **65**

サイバー防衛への取り組み **381**

宇宙空間の安定利用の確保 **69**

特にない **14**

わからない **52**

無回答 **61**

問22 災害派遣活動は、自衛隊の活動の中でも最もよく知られたものです。あなたは、災害派遣活動について、どのように評価していますか。次の中から1つだけお答えください。（○は1つ）

1．非常に評価する　　　　　2．ある程度評価する
3．なんともいえない
4．あまり評価しない　　　　5．まったく評価しない
6．関心がない

		回答数	%
	全体	1,971	100.0
1	非常に評価する	1,629	82.6
2	ある程度評価する	248	12.6
3	なんともいえない	29	1.5
4	あまり評価しない	11	0.6
5	まったく評価しない	2	0.1
6	関心がない	30	1.5
7	無回答	22	1.1

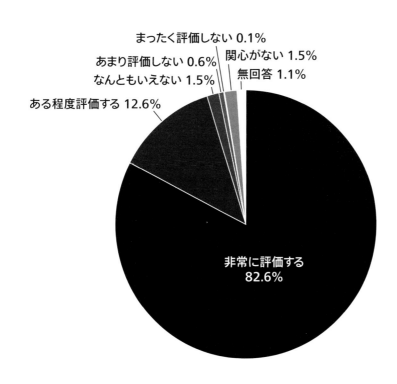

	非常に評価する	ある程度評価する	なんともいえない	あまり評価しない	まったく評価しない	関心がない
29歳以下	79.2%	11.5%	3.3%	0.4%	0.4%	5.2%
30 〜 39歳	87.7%	9.4%	1.7%	0.0%	0.0%	1.3%
40 〜 49歳	83.9%	12.4%	1.8%	0.6%	0.3%	0.9%
50 〜 59歳	84.8%	11.1%	0.8%	0.8%	0.0%	2.4%
60 〜 69歳	83.6%	13.9%	1.4%	1.1%	0.0%	0.0%
70歳以上	82.6%	16.3%	0.6%	0.3%	0.0%	0.3%
合計	83.6%	12.7%	1.5%	0.6%	0.1%	1.6%

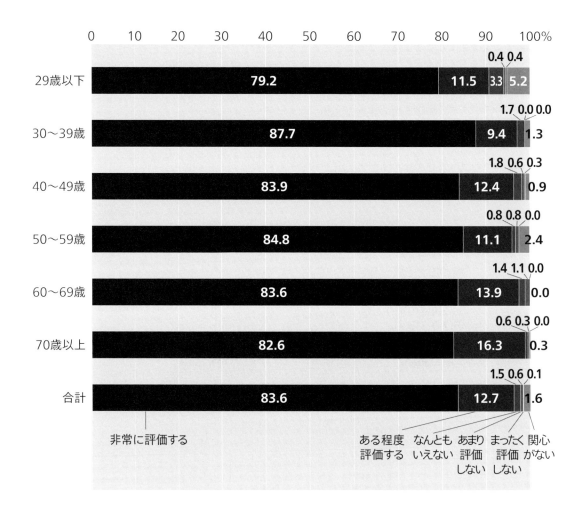

【問22で、「1．非常に評価する」「2．ある程度評価する」と答えた方にお尋ねします。】

問22-1 最も評価する理由を、次の中から1つだけお答えください。（○は1つ）

1．動員人数、組織力や機動性などにおいて、他の救助組織に勝っているので

2．自衛隊の出動によって災害時の民心の安定に貢献しているので

3．災害派遣中の自衛隊員の真摯な態度が評価できるので

4．自分自身や家族・知人が、自衛隊の災害派遣によって実際に助けられた経験があるので

5．災害派遣活動で築いた住民との信頼関係が、有事の際に大きな意味を持つと思うので

6．特に理由はない

		回答数	%
	全体	1,877	100.0
1	動員人数、組織力や機動性などにおいて、他の救助組織に勝っている	595	31.7
2	自衛隊の出動によって災害時の民心の安定に貢献している	833	44.4
3	災害派遣中の自衛隊員の真摯な態度が評価できる	309	16.5
4	自分自身や家族・知人が、自衛隊の災害派遣によって実際に助けられた経験がある	27	1.4
5	災害派遣活動で築いた住民との信頼関係が、有事の際に大きな意味を持つ	83	4.4
6	特に理由はない	13	0.7
7	無回答	17	0.9

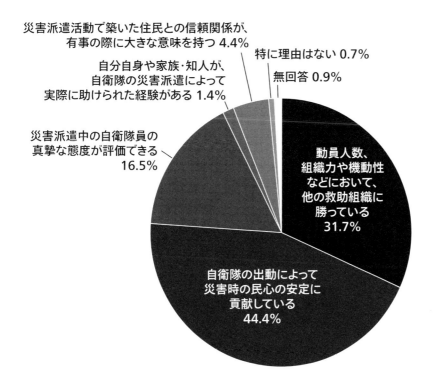

	動員人数、組織力や機動性などにおいて、他の救助組織に勝っている	自衛隊の出動によって災害時の民心の安定に貢献している	災害派遣中の自衛隊員の真摯な態度が評価できる	自分自身や家族・知人が、自衛隊の災害派遣によって実際に助けられた経験がある	災害派遣活動で築いた住民との信頼関係が、有事の際に大きな意味を持つ	特に理由はない
29歳以下	18.8%	55.4%	15.0%	1.7%	6.7%	2.5%
30〜39歳	27.8%	49.3%	17.2%	2.2%	2.6%	0.9%
40〜49歳	32.4%	47.6%	14.6%	1.6%	3.2%	0.6%
50〜59歳	35.1%	42.6%	15.1%	2.0%	4.3%	0.9%
60〜69歳	37.9%	40.1%	19.2%	0.8%	2.0%	0.0%
70歳以上	34.2%	39.5%	17.4%	0.8%	8.1%	0.0%
合計	32.0%	44.9%	16.5%	1.5%	4.5%	0.7%

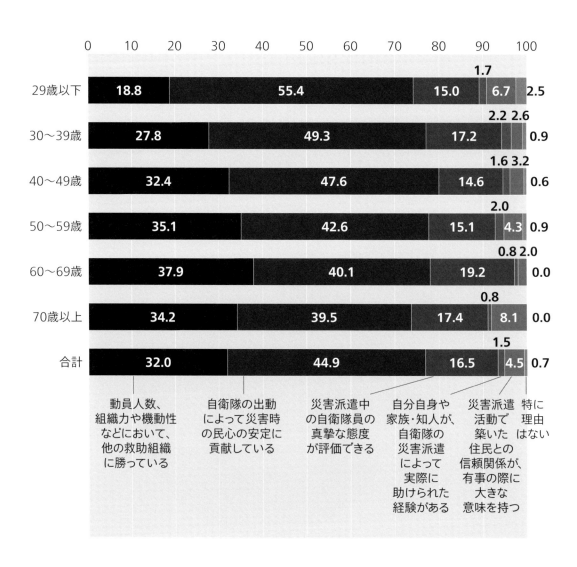

【問22で、「4．あまり評価しない」「5．まったく評価しない」と答えた方にお尋ねします。】

問22-2 最も評価しない理由を、次の中から<u>1つだけ</u>お答えください。（○は1つ）

1．災害派遣活動も大切だが、自衛隊の主たる任務である防衛のための教育訓練がおろそかにならないか心配なので

2．自衛隊員も国民も災害派遣活動に慣れすぎると、防衛出動や治安出動の際に心理的に適応できなくなるのではないかと心配なので

3．日本のように自然災害の多い国では、自衛隊に頼りすぎるのではなく、独自の災害救助組織を持つべきだと思うので

4．警察や消防も貢献しているのに、自衛隊だけが特別扱いされるのに抵抗があるので

5．自衛隊反対の立場からみれば、災害派遣活動は自衛隊のアリバイづくりのような感じをうけるので

6．特に理由はない

		回答数	%
	全体	13	100.0
1	自衛隊の主たる任務である防衛のための教育訓練がおろそかにならないか心配	1	7.7
2	防衛出動や治安出動の際に心理的に適応できなくなるのではないかと心配	4	30.8
3	日本のように自然災害の多い国では、独自の災害救助組織を持つべきだと思う	4	30.8
4	警察や消防も貢献しているのに、自衛隊だけが特別扱いされるのに抵抗がある	3	23.1
5	自衛隊反対の立場からみれば、自衛隊のアリバイづくりのような感じをうける	1	7.7
6	特に理由はない	0	0.0

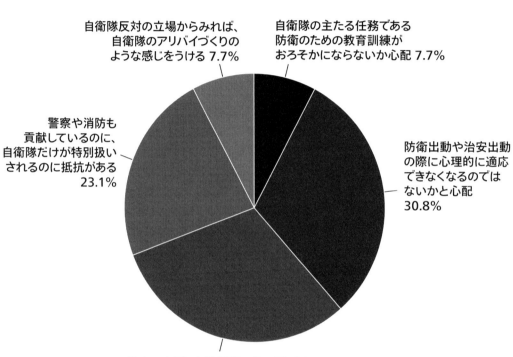

自衛隊反対の立場からみれば、自衛隊のアリバイづくりのような感じをうける 7.7%

自衛隊の主たる任務である防衛のための教育訓練がおろそかにならないか心配 7.7%

警察や消防も貢献しているのに、自衛隊だけが特別扱いされるのに抵抗がある 23.1%

防衛出動や治安出動の際に心理的に適応できなくなるのではないかと心配 30.8%

日本のように自然災害の多い国では、独自の災害救助組織を持つべきだと思う 30.8%

［この枝問は回答者がごく少数のため、年齢層とのクロス集計表と帯グラフは省略した］

【全員にお尋ねします。】

問23 国際社会における安全保障上の課題は、国家が単独で解決することはほとんど困難であり、国際協力の必要性や重要性はますます高まっています。日本が防衛の3つの柱のひとつに「安全保障協力」を挙げるのもそのためです。

「安全保障協力」のひとつが、自衛隊の海外派遣による「国際平和協力活動」です。1992年以降、国連PKOをはじめ、自衛隊はさまざまな海外活動を行ってきました。現在は、国際平和協力法や国際緊急援助隊法などに基づいて、多くの国際平和協力活動を積極的に行っています。海外で活動した自衛隊員は約9万人になります。

自衛隊の国際平和協力活動について、あなたはどのように評価しますか。次の中から<u>1つだけ</u>お答えください。（○は1つ）

　1．非常に評価する　　　　　2．ある程度評価する

　3．なんともいえない

　4．あまり評価しない　　　　5．まったく評価しない

　6．国際平和協力活動をよく知らない

　7．関心がない

		回答数	%
	全体	1,971	100.0
1	非常に評価する	620	31.5
2	ある程度評価する	757	38.4
3	なんともいえない	283	14.4
4	あまり評価しない	77	3.9
5	まったく評価しない	15	0.8
6	国際平和協力活動をよく知らない	118	6.0
7	関心がない	82	4.2
8	無回答	19	1.0

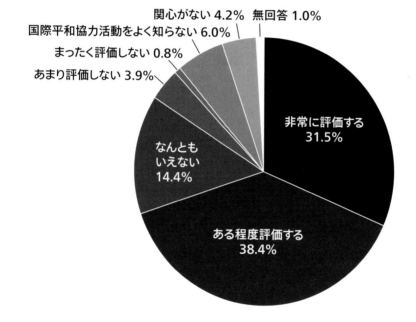

	非常に評価する	ある程度評価する	なんともいえない	あまり評価しない	まったく評価しない	よく知らない	関心がない
29歳以下	24.4%	29.6%	17.0%	3.7%	0.0%	13.3%	11.9%
30〜39歳	29.0%	37.4%	13.0%	2.5%	0.8%	10.5%	6.7%
40〜49歳	30.0%	37.6%	18.0%	3.4%	0.6%	6.1%	4.3%
50〜59歳	31.4%	41.2%	14.9%	3.5%	0.8%	4.6%	3.5%
60〜69歳	36.5%	37.6%	14.9%	5.1%	1.6%	2.7%	1.6%
70歳以上	35.7%	46.0%	9.7%	5.0%	0.6%	2.8%	0.3%
合計	31.7%	38.7%	14.5%	4.0%	0.8%	6.1%	4.2%

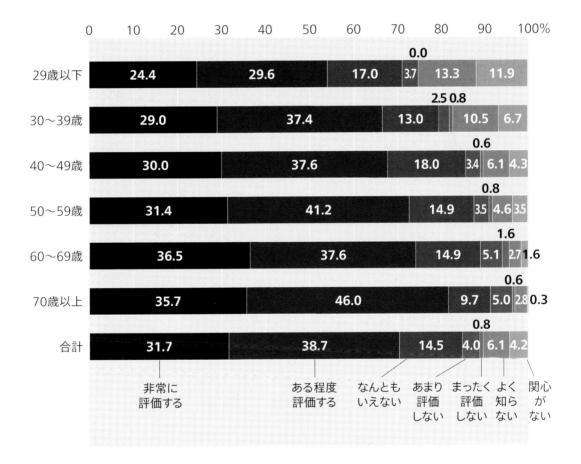

【問23で、「4．あまり評価しない」「5．まったく評価しない」と答えた方にお尋ねします。】

問23-1 その最もあてはまる理由を、次の中から1つだけお答えください。（○は1つ）

1．国際平和協力活動における「駆けつけ警護」が武力紛争のきっかけにならないか心配だから

2．国際平和協力活動という美名のもとに、自衛隊員に厳しい任務を押し付けていないか心配だから

3．国際平和協力活動の派遣部隊は施設部隊が中心になるので、陸上自衛隊に負担がかかりすぎないか心配だから

4．国際平和協力活動と、防衛出動や災害派遣など他の本来任務とのバランスが心配だから

5．国際平和協力活動が、国連での地位向上のための外務省などの思惑に左右されないか心配だから

6．国際平和協力活動が、自衛隊の海外派兵のための足掛かりとして、政治的に利用されないか心配だから

7．特に理由はない

		回答数	%
	全体	92	100.0
1	「駆けつけ警護」が武力紛争のきっかけにならないか心配	24	26.1
2	自衛隊員に厳しい任務を押し付けていないか心配	20	21.7
3	施設部隊が中心なので、陸上自衛隊に負担がかかりすぎないか心配	4	4.3
4	防衛出動や災害派遣など他の本来任務とのバランスが心配	7	7.6
5	国連での地位向上のための外務省などの思惑に左右されないか心配	3	3.3
6	自衛隊の海外派兵のための足掛かりとして、政治的に利用されないか心配	28	30.4
7	特に理由はない	4	4.3
8	無回答	2	2.2

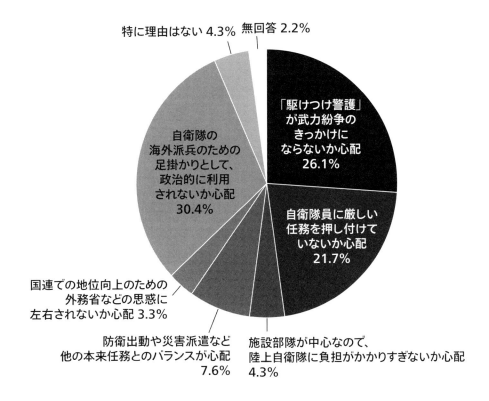

［この枝問は回答者がごく少数のため、年齢層とのクロス集計表と帯グラフは省略した］

【全員にお尋ねします。】

問24 日本の防衛の柱のひとつである「安全保障協力」の具体的な取り組みの中には、アメリカ以外の国々との防衛協力・交流があります。具体的には、意見交換、留学生の交換、研究教育の交流、共同訓練、能力構築支援、防衛装備・技術協力など多岐にわたっています。 あなたは、このことを知っていますか、次の中から<u>1つだけ</u>お答えください。（○は1つ）

　　1．よく知っている　　　　2．ある程度知っている

　　3．あまり知らない　　　　4．まったく知らない

　　5．関心がない

		回答数	％
	全体	1,971	100.0
1	よく知っている	34	1.7
2	ある程度知っている	420	21.3
3	あまり知らない	983	49.9
4	まったく知らない	448	22.7
5	関心がない	68	3.5
6	無回答	18	0.9

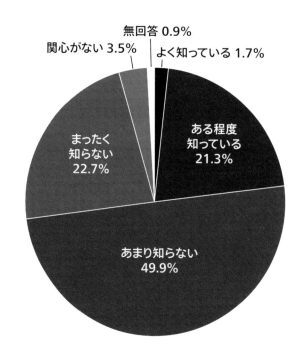

	よく知っている	ある程度知っている	あまり知らない	まったく知らない	関心がない
29歳以下	0.7%	11.5%	43.3%	32.6%	11.9%
30〜39歳	0.4%	13.1%	46.8%	35.4%	4.2%
40〜49歳	1.5%	13.5%	52.6%	30.0%	2.4%
50〜59歳	1.4%	20.3%	53.8%	21.4%	3.2%
60〜69歳	1.9%	28.6%	51.6%	16.8%	1.1%
70歳以上	3.9%	35.5%	51.0%	9.1%	0.6%
合計	1.8%	21.5%	50.3%	22.9%	3.5%

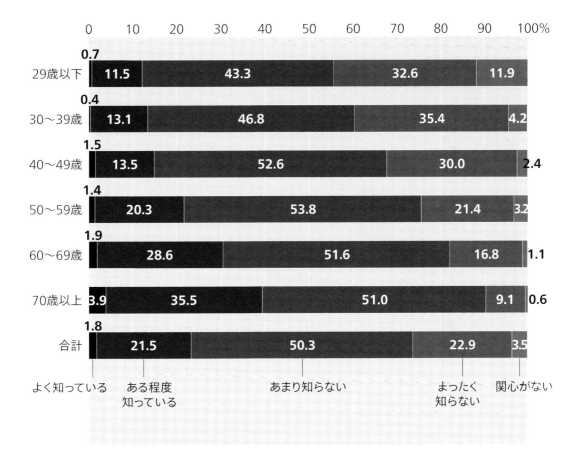

【全員にお尋ねします。】

問25 以下のa～eの国・地域について、日本に対する安全保障上の脅威を感じますか。あなたの考えに最も近いものを<u>1つだけ</u>お答えください。（それぞれ○は1つずつ）

	感じる	どちらかといえば 感じる	どちらかといえば 感じない	感じない
a.ロシア　⇒	1	2	3	4
b.中　国　⇒	1	2	3	4
c.北朝鮮　⇒	1	2	3	4
d.韓　国　⇒	1	2	3	4
e.台　湾　⇒	1	2	3	4

(回答数 1,971)	感じる	どちらかと いえば感じる	どちらかと いえば感じない	感じない	無回答
a.ロシア	27.3%	43.6%	19.5%	6.5%	3.0%
b.中　国	60.5%	27.3%	6.6%	3.4%	2.2%
c.北朝鮮	70.2%	20.2%	3.8%	3.7%	2.2%
d.韓　国	21.7%	39.6%	27.0%	8.6%	3.1%
e.台　湾	1.1%	7.9%	35.7%	52.1%	3.2%

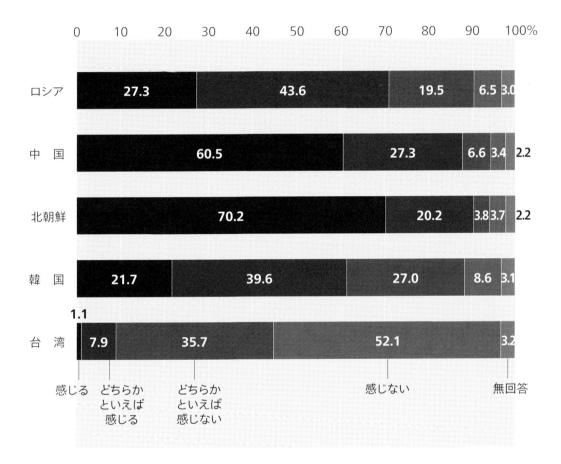

【全員にお尋ねします。】

問26 もし現在、日本が武力紛争にまきこまれるとしたら、可能性としてどのような状況が考えられますか。次の中から最もあてはまるものを <u>1つだけ</u>お答えください。（○は1つ）

1．島嶼部での外国軍隊との衝突をきっかけに

2．ミサイルによる日本への攻撃をきっかけに

3．PKOなどの海外活動に従事しているとき、武力攻撃を受けて

4．アメリカ軍を防護しているとき、武力攻撃を受けて

5．アメリカ軍や多国籍軍の軍事行動に協力を要請されて

6．日本が大規模で組織的なサイバー攻撃を受けたことをきっかけに

7．周辺海空域における警備活動中のトラブルから

8．日本国内での外国勢力によるテロ活動をきっかけに

9．わからない

		回答数	%
	全体	1,971	100.0
1	島嶼部での外国軍隊との衝突をきっかけに	397	20.1
2	ミサイルによる日本への攻撃をきっかけに	495	25.1
3	PKOなどの海外活動に従事しているとき、武力攻撃を受けて	82	4.2
4	アメリカ軍を防護しているとき、武力攻撃を受けて	69	3.5
5	アメリカ軍や多国籍軍の軍事行動に協力を要請されて	253	12.8
6	日本が大規模で組織的なサイバー攻撃を受けたことをきっかけに	50	2.5
7	周辺海空域における警備活動中のトラブルから	290	14.7
8	日本国内での外国勢力によるテロ活動をきっかけに	74	3.8
9	わからない	228	11.6
10	無回答	33	1.7

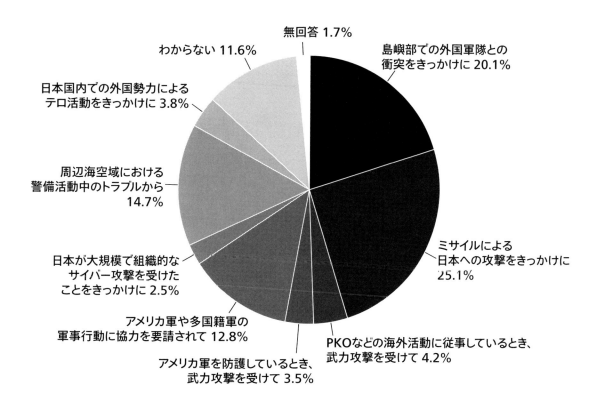

	島嶼部での外国軍隊との衝突	ミサイルによる日本への攻撃	PKOなどの海外活動に従事しているとき、武力攻撃を受けて	アメリカ軍を防護しているとき、武力攻撃を受けて	アメリカ軍や多国籍軍の軍事行動に協力を要請されて	日本が大規模で組織的なサイバー攻撃を受けて	周辺海空域における警備活動中のトラブル	日本国内での外国勢力によるテロ活動	わからない
29歳以下	15.8%	33.5%	2.6%	5.3%	15.0%	3.4%	7.9%	4.1%	12.4%
30〜39歳	17.4%	31.4%	1.7%	5.1%	16.9%	2.1%	9.3%	5.5%	10.6%
40〜49歳	20.9%	27.6%	4.0%	3.1%	16.0%	1.2%	10.7%	5.2%	11.3%
50〜59歳	23.0%	24.4%	4.4%	5.2%	11.2%	1.9%	12.9%	3.8%	13.2%
60〜69歳	21.2%	23.1%	5.7%	1.4%	12.0%	2.4%	19.6%	3.3%	11.4%
70歳以上	22.4%	17.7%	5.5%	2.2%	9.1%	4.4%	25.7%	1.4%	11.6%
合計	20.5%	25.5%	4.2%	3.5%	13.0%	2.6%	15.1%	3.7%	11.8%

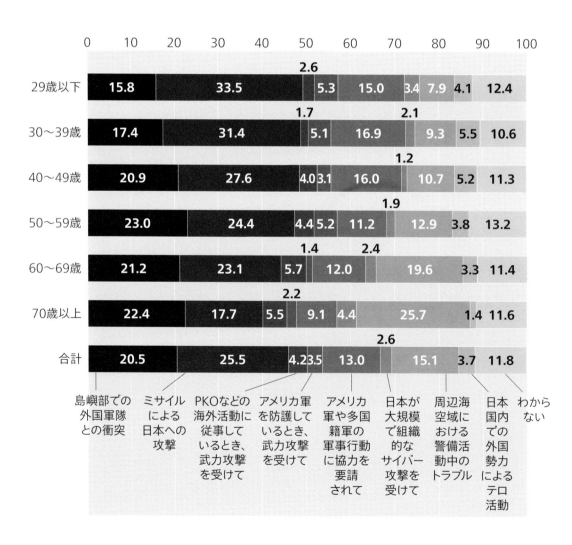

【全員にお尋ねします。】

問27 もし、日本が武力紛争にまきこまれた場合、あなたはどう行動すると思いますか。次の中から1つだけお答えください。（○は1つ）

1．自衛隊に志願して戦う

2．自衛隊に志願はしないが、自衛隊の作戦を積極的に支援する

3．政府の指示のとおりに行動する

4．周囲の様子を見て行動を決める

5．もっぱら自分自身や家族の安全を考えて行動する

6．紛争の相手やきっかけによっては、紛争反対の立場をとる

7．すべての戦争に反対の立場から、武力行動に一切協力しない

8．その時になってみないとまったくわからない

		回答数	%
	全体	1,971	100.0
1	自衛隊に志願して戦う	25	1.3
2	自衛隊に志願はしないが、自衛隊の作戦を積極的に支援する	199	10.1
3	政府の指示のとおりに行動する	266	13.5
4	周囲の様子を見て行動を決める	148	7.5
5	もっぱら自分自身や家族の安全を考えて行動する	508	25.8
6	紛争の相手やきっかけによっては、紛争反対の立場をとる	71	3.6
7	すべての戦争に反対の立場から、武力行動に一切協力しない	151	7.7
8	その時になってみないとまったくわからない	594	30.1
9	無回答	9	0.5

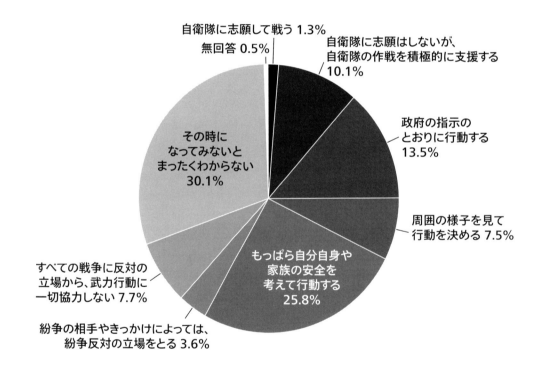

	自衛隊に志願して戦う	自衛隊に志願はしないが、自衛隊の作戦を積極的に支援する	政府の指示のとおりに行動する	周囲の様子を見て行動を決める	もっぱら自分自身や家族の安全を考えて行動する	紛争の相手やきっかけによっては、紛争反対の立場をとる	すべての戦争に反対の立場から、武力行動に一切協力しない	その時になってみないとまったくわからない
29歳以下	1.1%	5.6%	9.7%	7.8%	32.0%	4.1%	8.2%	31.6%
30〜39歳	1.7%	13.0%	7.9%	5.4%	35.1%	3.3%	5.9%	27.6%
40〜49歳	1.8%	10.0%	11.5%	7.3%	31.1%	3.0%	8.5%	26.9%
50〜59歳	1.9%	11.4%	11.4%	8.9%	24.3%	2.4%	7.0%	32.7%
60〜69歳	0.5%	10.0%	16.2%	7.8%	22.1%	3.8%	8.6%	31.0%
70歳以上	0.8%	10.7%	21.1%	7.1%	16.7%	5.2%	7.9%	30.4%
合計	1.3%	10.1%	13.5%	7.5%	26.0%	3.7%	7.8%	30.2%

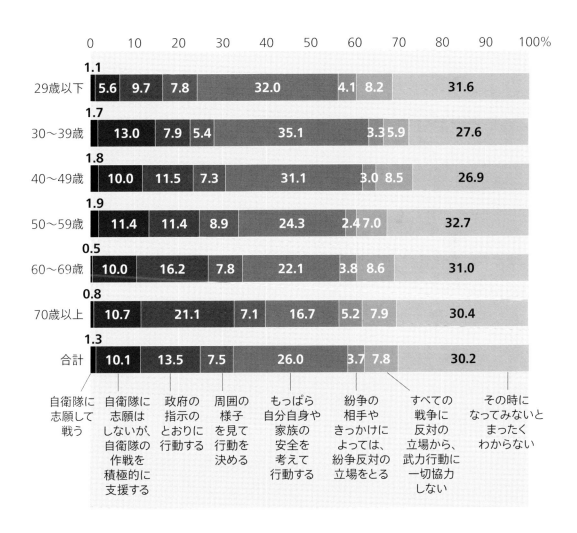

【全員にお尋ねします。】

問28 2015年の「平和安全法制」によって、自衛隊は、同盟国のために戦うことが可能になりました。あなたはこのことをどう思いますか。次の中から 1 つだけお答えください。（○は 1 つ）

1．同盟国のために戦うことは日本を守ることにもなる

2．集団的自衛権を認めていれば他国のために戦うことがあるのも当然だ

3．理屈ではわかるが、なんとなくすっきりしない

4．国連軍として戦うこと以外は認めたくない

5．紛争の相手や紛争のきっかけ次第である

6．他国のために戦うこと自体に反対である

7．わからない

		回答数	%
	全体	1,971	100.0
1	同盟国のために戦うことは日本を守ることにもなる	243	12.3
2	集団的自衛権を認めていれば他国のために戦うことがあるのも当然だ	217	11.0
3	理屈ではわかるが、なんとなくすっきりしない	732	37.1
4	国連軍として戦うこと以外は認めたくない	145	7.4
5	紛争の相手や紛争のきっかけ次第である	166	8.4
6	他国のために戦うこと自体に反対である	250	12.7
7	わからない	203	10.3
8	無回答	15	0.8

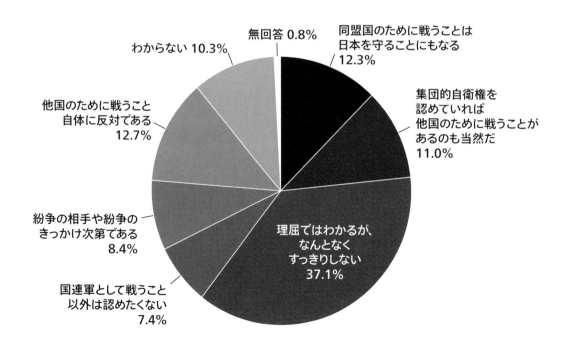

	同盟国の ために戦う ことは日本 を守ること にもなる	集団的自衛 権を認めて いれば他国 のために 戦うことが あるのも 当然	理屈では わかるが、 なんとなく すっきり しない	国連軍 として戦う こと以外は 認めたく ない	紛争の 相手や 紛争の きっかけ 次第	他国の ために戦う こと自体に 反対	わからない
29歳以下	13.0%	6.7%	34.9%	1.5%	14.1%	14.1%	15.6%
30～39歳	13.4%	7.9%	41.8%	3.3%	7.9%	13.0%	12.6%
40～49歳	10.6%	7.9%	44.7%	4.5%	7.9%	15.1%	9.4%
50～59歳	8.7%	10.3%	40.1%	7.9%	7.0%	14.1%	11.9%
60～69歳	12.2%	14.4%	35.5%	11.1%	8.7%	11.9%	6.2%
70歳以上	17.4%	16.8%	28.7%	13.2%	6.3%	9.4%	8.3%
合計	12.5%	11.1%	37.4%	7.5%	8.5%	12.8%	10.3%

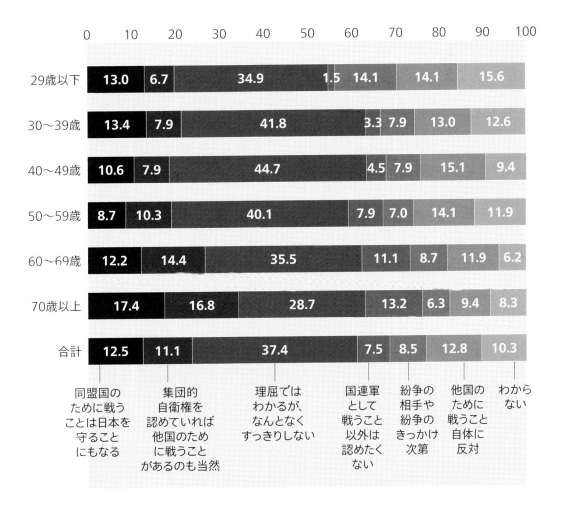

問29 歴史的にみると、武力紛争による軍人の殉職者と一般公務員の殉職者とをわけて慰霊・顕彰する国が多いと思われます。自衛隊員に戦死者が出た場合、あなたは特別扱いすべきだと思いますか。次の中から<u>1つ</u>だけお答えください。（○は1つ）

1．特別扱いすべきだ
2．どちらかといえば、特別扱いすべきだ
3．なんともいえない
4．どちらかといえば、特別扱いする必要はない
5．特別扱いする必要はない

		回答数	%
	全体	1,971	100.0
1	特別扱いすべきだ	306	15.5
2	どちらかといえば特別扱いすべきだ	623	31.6
3	なんともいえない	740	37.5
4	どちらかといえば特別扱いする必要はない	163	8.3
5	特別扱いする必要はない	130	6.6
6	無回答	9	0.5

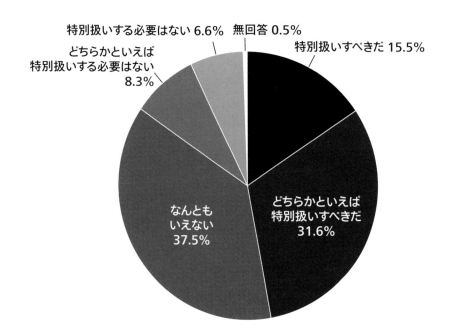

	特別扱い すべきだ	どちらかといえば 特別扱い すべきだ	なんとも いえない	どちらかといえば 特別扱いする 必要はない	特別扱いする 必要はない
29歳以下	16.0%	33.8%	38.7%	7.1%	4.5%
30〜39歳	18.0%	33.5%	37.7%	4.2%	6.7%
40〜49歳	17.2%	30.8%	36.3%	9.1%	6.6%
50〜59歳	14.1%	31.7%	38.5%	6.8%	8.9%
60〜69歳	15.1%	28.6%	36.9%	11.3%	8.1%
70歳以上	15.0%	33.6%	37.7%	9.0%	4.6%
合計	15.7%	31.8%	37.6%	8.2%	6.7%

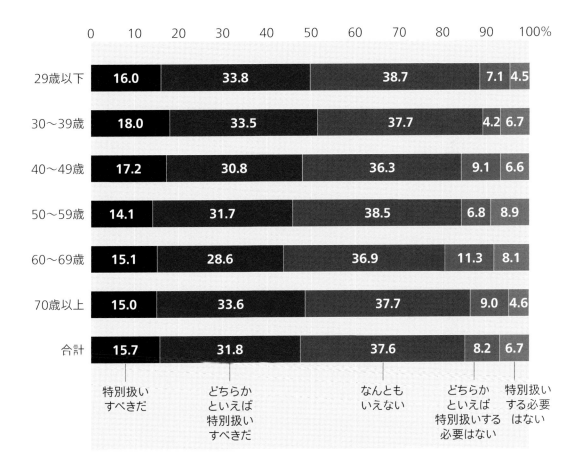

8 日米同盟と米軍基地（問30〜問33）

【全員にお尋ねします。】

問30 日本の防衛体制の一つの柱が日米同盟です。現在アメリカと安全保障条約を結んでいますが、この日米安全保障条約は日本の安全と平和に役立っていると思いますか、役立っていないと思いますか。次の中から1つだけお答えください。（○は1つ）

1．役立っている　　　　　　　　　2．どちらかといえば役立っている
3．どちらかといえば役立っていない　4．役立っていない
5．わからない

		回答数	%
	全体	1,971	100.0
1	役立っている	543	27.5
2	どちらかといえば役立っている	892	45.3
3	どちらかといえば役立っていない	135	6.8
4	役立っていない	40	2.0
5	わからない	349	17.7
6	無回答	12	0.6

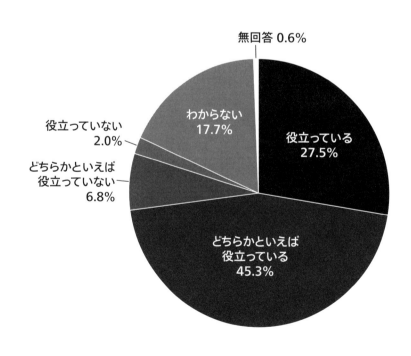

	役立っている	どちらかといえば役立っている	どちらかといえば役立っていない	役立っていない	わからない
29歳以下	20.8%	45.0%	7.4%	1.5%	25.3%
30〜39歳	25.8%	44.5%	7.6%	0.8%	21.2%
40〜49歳	26.6%	43.2%	8.5%	3.0%	18.7%
50〜59歳	28.2%	43.9%	6.5%	1.9%	19.5%
60〜69歳	32.3%	46.6%	5.4%	2.4%	13.2%
70歳以上	30.1%	49.5%	6.0%	2.2%	12.3%
合計	27.8%	45.6%	6.8%	2.1%	17.8%

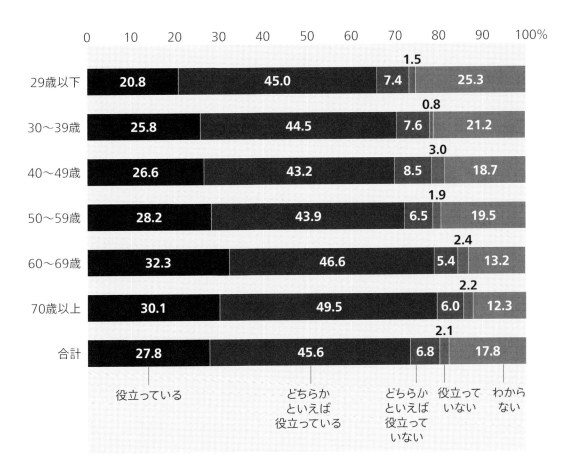

問31 日米安全保障条約についての最大の問題は、日本がアメリカの従属的な地位にあることだという指摘があります。あなたはどう感じていますか、次の中から<u>1つだけ</u>お答えください。（○は1つ）

 1．強く感じている   2．ある程度感じている
 3．あまり感じていない 4．まったく感じていない
 5．なんともいえない   6．関心がない

		回答数	％
	全体	1,971	100.0
1	強く感じている	425	21.6
2	ある程度感じている	1,063	53.9
3	あまり感じていない	163	8.3
4	まったく感じていない	29	1.5
5	なんともいえない	207	10.5
6	関心がない	73	3.7
7	無回答	11	0.6

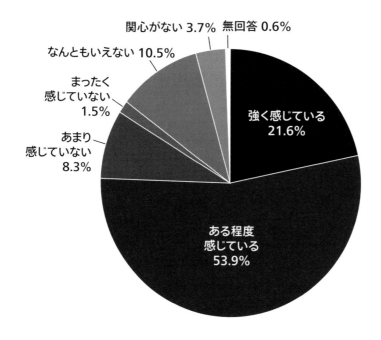

	強く 感じている	ある程度 感じている	あまり 感じていない	まったく 感じていない	なんとも いえない	関心がない
29歳以下	15.6%	46.3%	11.5%	1.1%	16.3%	9.3%
30〜39歳	22.3%	50.4%	7.6%	2.5%	11.8%	5.5%
40〜49歳	21.5%	52.6%	9.1%	1.2%	12.4%	3.3%
50〜59歳	25.9%	51.1%	8.1%	1.1%	9.7%	4.1%
60〜69歳	22.1%	59.6%	7.5%	1.6%	8.4%	0.8%
70歳以上	21.5%	60.9%	7.2%	1.7%	7.2%	1.7%
合計	21.7%	54.0%	8.4%	1.5%	10.6%	3.8%

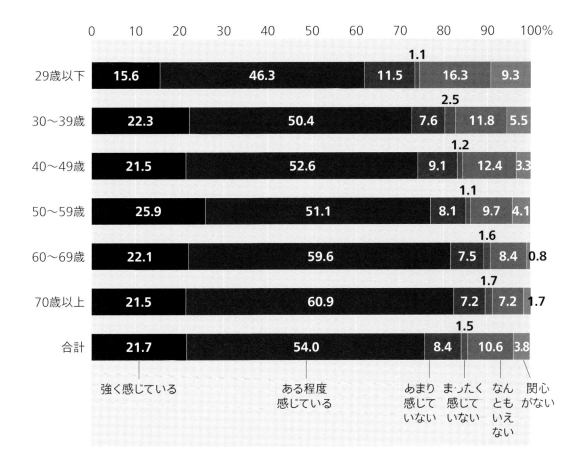

【問31で、「1．強く感じている」「2．ある程度感じている」と答えた方にお尋ねします。】

問31-1 どのような点について問題を感じていますか。次の中から<u>いくつでも</u>あげてください。
（○はいくつでも）

1．公務中のアメリカ兵は逮捕されないということ

2．日本の航空法の適用が除外されている空域があること

3．アメリカは日本のどこにでも基地を設置できること

4．日本国内で事故を起こした米軍機を調べることができないこと

5．米軍基地は日本の環境基準の適用外であること

6．戦時の指揮権がアメリカにあること

7．アメリカから高額な兵器の購入をしていること

8．日米合同委員会があること

9．アメリカ軍の駐留経費の約75％を日本が負担していること（いわゆる「思いやり予算」）

10．日米安全保障条約の存在そのもの

11．特に思いつかない

	回答数	%
全体	1,488	100.0
1　公務中のアメリカ兵は逮捕されないということ	1,009	67.8
2　日本の航空法の適用が除外されている空域があること	536	36.0
3　アメリカは日本のどこにでも基地を設置できること	613	41.2
4　日本国内で事故を起こした米軍機を調べることができないこと	917	61.6
5　米軍基地は日本の環境基準の適用外であること	578	38.8
6　戦時の指揮権がアメリカにあること	411	27.6
7　アメリカから高額な兵器の購入をしていること	584	39.2
8　日米合同委員会があること	59	4.0
9　米軍の駐留経費の約75%を日本が負担していること（「思いやり予算」）	945	63.5
10　日米安全保障条約の存在そのもの	219	14.7
11　特に思いつかない	27	1.8
12　無回答	5	0.3

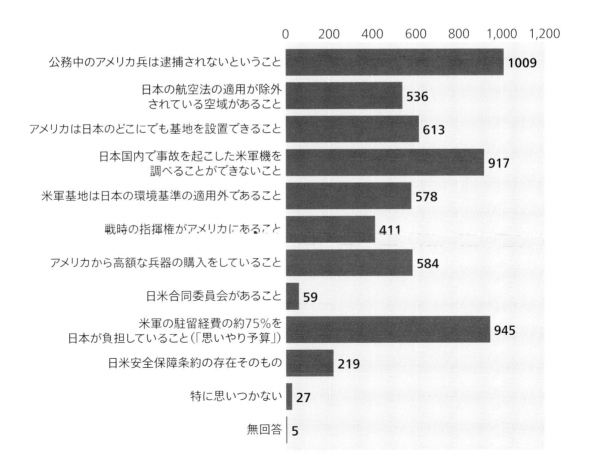

問32 在日アメリカ軍の基地の多くが現在も沖縄県に集中していることについて、あなたの考えに最も近いものを次の中から<u>1つだけ</u>お答えください。（○は１つ）

1．完全に国外移転することが望ましい

2．できるだけ国外に移転すべきである

3．国内の他都道府県に振り分けられるべきである

4．沖縄に米軍基地が集約されている現状はやむを得ない

5．わからない

		回答数	％
	全体	1,971	100.0
1	完全に国外移転することが望ましい	181	9.2
2	できるだけ国外に移転すべきである	559	28.4
3	国内の他都道府県に振り分けられるべきである	362	18.4
4	沖縄に米軍基地が集約されている現状はやむを得ない	534	27.1
5	わからない	310	15.7
6	無回答	25	1.3

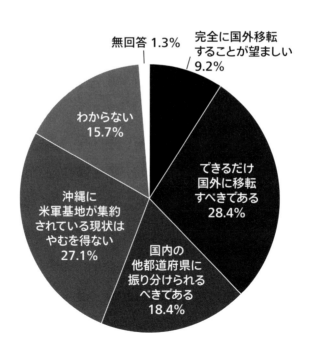

	完全に国外移転することが望ましい	できるだけ国外に移転すべきである	他都道府県に振り分けられるべきである	現状はやむを得ない	わからない
29歳以下	11.1%	27.7%	14.8%	24.4%	22.1%
30〜39歳	7.6%	27.7%	17.2%	27.7%	19.7%
40〜49歳	8.2%	27.0%	16.1%	30.9%	17.9%
50〜59歳	10.3%	30.7%	19.0%	25.0%	14.9%
60〜69歳	10.7%	28.5%	21.6%	27.4%	11.8%
70歳以上	7.3%	30.3%	20.4%	29.4%	12.6%
合計	9.2%	28.8%	18.5%	27.5%	16.0%

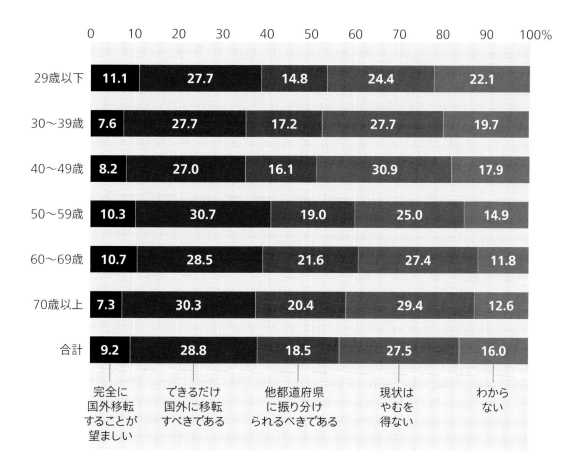

【問32で、沖縄の米軍基地は「3.国内の他都道府県に振り分けられるべきである」と答えた方で、沖縄県以外に在住の方にお尋ねします。】

問32-1 仮に米軍基地があなたの在住する都道府県またはその近くに移転する計画が発表された場合、あなたはどのように考えますか。あなたの考えに最も近いものを次の中から1つだけお答えください。（○は1つ）

1．賛成する　　　　　　　　　　　2．どちらかといえば賛成する
3．どちらともいえない
4．どちらかといえば反対する　　　5．反対する
6．その時になってみなければわからない

		回答数	%
	全体	360	100.0
1	賛成する	56	15.6
2	どちらかといえば賛成する	153	42.5
3	どちらともいえない	88	24.4
4	どちらかといえば反対する	19	5.3
5	反対する	9	2.5
6	その時になってみなければわからない	33	9.2
7	無回答	2	0.6

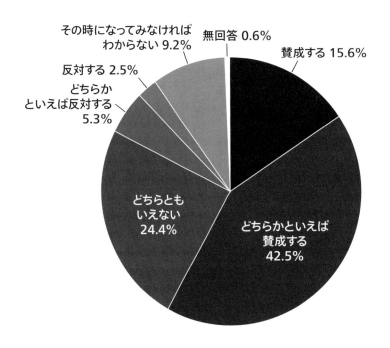

	賛成する	どちらかと いえば 賛成する	どちらとも いえない	どちらかと いえば 反対する	反対する	わからない
29歳以下	20.5%	28.2%	12.8%	10.3%	7.7%	20.5%
30〜39歳	12.2%	39.0%	31.7%	7.3%	4.9%	4.9%
40〜49歳	19.2%	34.6%	30.8%	3.8%	3.8%	7.7%
50〜59歳	11.6%	36.2%	29.0%	7.2%	1.4%	14.5%
60〜69歳	15.2%	49.4%	24.1%	3.8%	0.0%	7.6%
70歳以上	16.7%	56.9%	19.4%	2.8%	1.4%	2.8%
合計	15.6%	42.6%	24.7%	5.4%	2.6%	9.1%

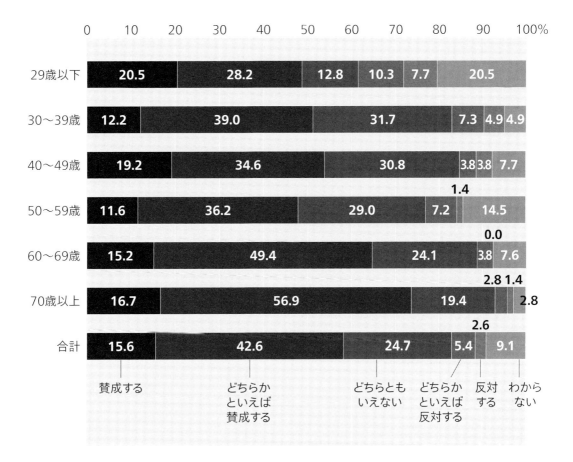

問33 日米同盟関係を今後どうしていくべきだと思いますか。次の中から<u>1つだけ</u>お答えください。（○は１つ）

　　１．今より強めるべきだ
　　２．今のままでよい
　　３．今より弱めるべきだ
　　４．解消すべきだ
　　５．わからない

		回答数	%
	全体	1,971	100.0
1	今より強めるべき	227	11.5
2	今のままでよい	914	46.4
3	今より弱めるべき	289	14.7
4	解消すべき	48	2.4
5	わからない	466	23.6
6	無回答	27	1.4

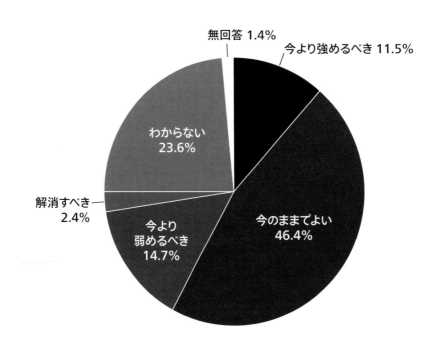

	今より強めるべき	今のままでよい	今より弱めるべき	解消すべき	わからない
29歳以下	13.7%	37.4%	14.8%	1.1%	33.0%
30〜39歳	11.3%	43.7%	15.1%	1.3%	28.6%
40〜49歳	11.2%	49.1%	13.3%	2.1%	24.2%
50〜59歳	10.9%	45.7%	14.1%	2.7%	26.6%
60〜69歳	11.0%	52.7%	14.8%	3.6%	17.9%
70歳以上	12.6%	50.7%	15.7%	3.4%	17.6%
合計	11.7%	47.1%	14.6%	2.5%	24.0%

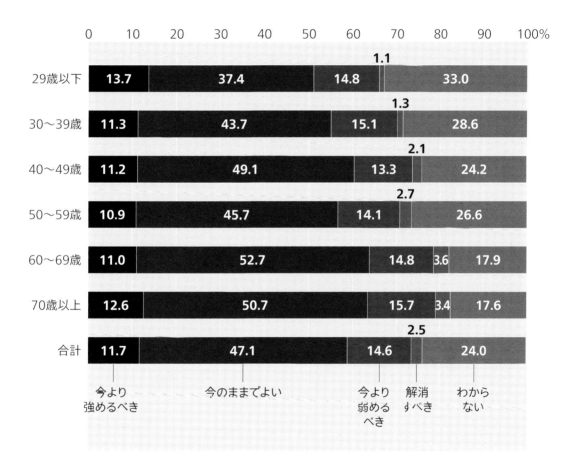

【問33で、「1．今より強めるべきだ」「2．今のままでよい」と答えた方にお尋ねします。】

問33-1 そう思う理由はなんですか。最も考えに合うものを次の中から1つだけお答えください。（○は1つ）

1．自衛隊だけで国を守るという選択肢は非現実的であり、日米安全保障条約のほうがコストも安いから

2．アジア太平洋地域の安全保障環境を考えれば、日米同盟の維持が合理的な選択であるから

3．基地や地位協定などの問題はあるが、今後の交渉次第で、より平等で安定した同盟関係も可能になるから

4．アメリカとは経済、文化など多方面にわたる交流があり、軍事協力もその一環と考えるべきだから

5．アメリカとは価値観や世界観が近いので、日本が安全保障条約を結ぶべき国家としてふさわしいから

6．軍事同盟は強国と結ぶのが当然だから

7．特に理由はない

		回答数	%
	全体	1,141	100.0
1	自衛隊だけで国を守るのは非現実的であり、日米安全保障条約のほうがコストも安い	215	18.8
2	アジア太平洋地域の安全保障環境を考えれば、日米同盟の維持が合理的な選択	500	43.8
3	基地や地位協定など問題はあるが、交渉次第でより平等で安定した同盟関係も可能になる	180	15.8
4	アメリカとは経済、文化など交流があり、軍事協力もその一環と考えるべき	124	10.9
5	アメリカとは価値観や世界観が近く、安全保障条約を結ぶべき国家としてふさわしい	23	2.0
6	軍事同盟は強国と結ぶのが当然	32	2.8
7	特に理由はない	51	4.5
8	無回答	16	1.4

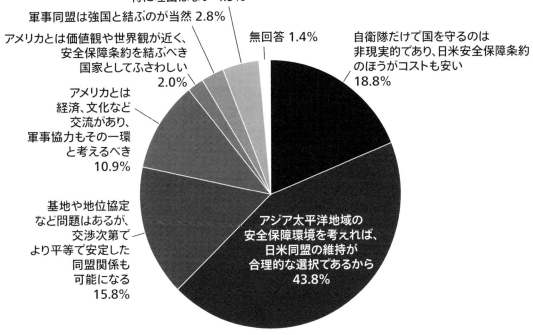

	自衛隊だけで国を守るのは非現実的であり、日米安全保障条約のほうがコストも安い	アジア太平洋地域の安全保障環境を考えれば、日米同盟の維持が合理的な選択	基地や地位協定など問題はあるが、交渉次第でより平等で安定した同盟関係も可能になる	アメリカとは経済、文化など交流があり、軍事協力もその一環と考えるべき	アメリカとは価値観や世界観が近く、安全保障条約を結ぶべき国家としてふさわしい	軍事同盟は強国と結ぶのが当然	特に理由はない
29歳以下	24.8%	29.2%	18.2%	16.1%	0.0%	2.2%	9.5%
30〜39歳	28.5%	34.6%	16.9%	10.0%	1.5%	3.8%	4.6%
40〜49歳	18.7%	46.0%	15.7%	12.1%	1.5%	2.5%	3.5%
50〜59歳	18.0%	42.0%	12.7%	12.7%	4.9%	3.4%	6.3%
60〜69歳	16.7%	52.2%	16.2%	9.2%	1.8%	1.8%	2.2%
70歳以上	14.5%	53.2%	15.9%	7.7%	1.8%	3.6%	3.2%
合計	19.2%	44.5%	15.7%	11.0%	2.1%	2.9%	4.6%

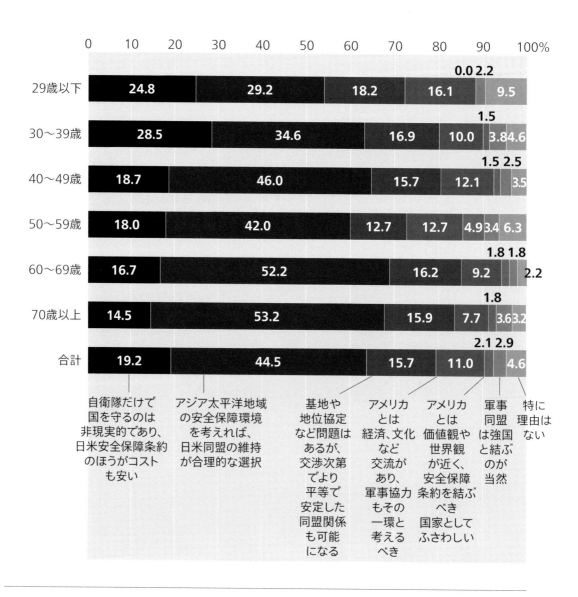

【問33で、「3．今より弱めるべきだ」「4．解消すべきだ」と答えた方にお尋ねします。】

問33-2 そう思う理由はなんですか。最も考えに合うものを次の中から1つだけお答えください。（○は1つ）

1．これ以上アメリカへの従属を続けるべきではないから

2．近隣諸国との友好関係を維持するためには、アメリカとの関係がマイナスになるから

3．非武装中立を目指すには、その前提段階として日米安保の解消が必要だから

4．自衛隊だけで日本を守るのが理想だから

5．特に理由はない

. . . .

		回答数	％
	全体	337	100.0
1	これ以上アメリカへの従属を続けるべきではない	160	47.5
2	近隣諸国との友好関係を維持するためには、アメリカとの関係がマイナスになる	36	10.7
3	非武装中立を目指すには、その前提段階として日米安保の解消が必要	79	23.4
4	自衛隊だけで日本を守るのが理想	41	12.2
5	特に理由はない	17	5.0
6	無回答	4	1.2

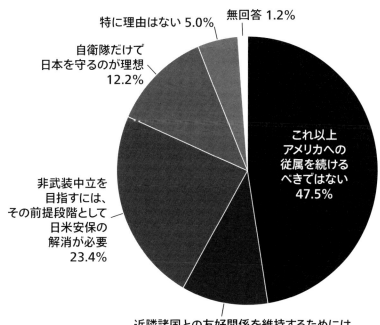

	これ以上アメリカへの従属を続けるべきではない	近隣諸国との友好関係を維持するためには、アメリカとの関係がマイナスになる	非武装中立を目指すには、その前提段階として日米安保の解消が必要	自衛隊だけで日本を守るのが理想	特に理由はない
29歳以下	54.8%	4.8%	11.9%	21.4%	7.1%
30 〜 39歳	41.0%	10.3%	20.5%	23.1%	5.1%
40 〜 49歳	44.0%	12.0%	24.0%	18.0%	2.0%
50 〜 59歳	52.5%	9.8%	26.2%	8.2%	3.3%
60 〜 69歳	43.9%	9.1%	31.8%	6.1%	9.1%
70歳以上	48.5%	16.2%	25.0%	7.4%	2.9%
合計	47.5%	10.7%	24.2%	12.6%	4.9%

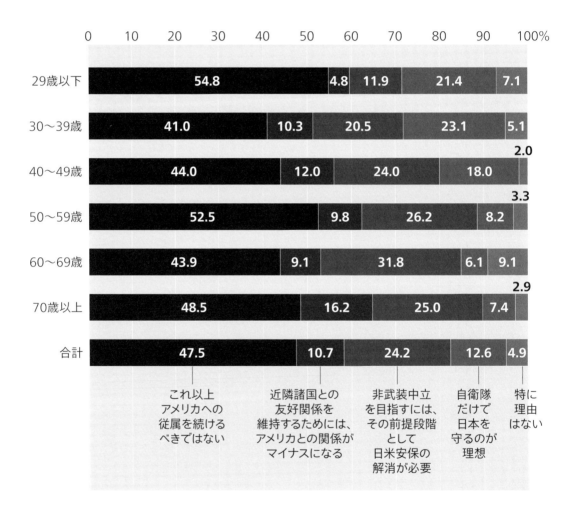

【全員にお尋ねします。】

問34 あなたにとって、「愛すべき日本」「守るべき日本」とはどのような国でしょうか。お考えを自由にお書きください。[2]

順位	名詞類	件数	順位	名詞類	件数	順位	名詞類	件数
1	平和	430	23	歴史	38	44	維持	22
2	戦争	254	24	尊重	37	44	防衛	22
3	国民	183	25	主義	36	47	個人	21
4	自由	114	26	災害	34	47	協力	21
5	安全	113	27	人々	33	49	経済	20
6	安心	111	27	人権	33	50	憲法	19
7	文化	97	27	武力	33	50	政府	19
8	生活	93	30	外国	32	50	関係	19
9	自然	82	30	国家	32	50	中立	19
10	世界	77	30	治安	32	54	誇り	18
11	政治	75	30	必要	32	54	国際	18
12	他国	74	34	民主	30	54	国土	18
12	日本人	74	35	思いやり	29	54	人間	18
14	自分	69	36	環境	28	54	おだやか	18
15	社会	59	37	家族	26	59	意見	17
16	大切	57	37	四季	26	59	安定	17
17	子ども	55	39	教育	24	59	好き	17
18	豊か	48	39	行動	24	62	精神	16
19	平等	44	39	保障	24	62	立場	16
20	自衛隊	42	39	幸せ	24	62	行使	16
21	伝統	41	43	争い	23	65	コロナ	15
22	自国	40	44	基本	22	65	軍事	15

(2) 自由記述回答から、ソフトウェアKH Coder 3により名詞類（名詞・サ変名詞・形容動詞・固有名詞・組織名）を抽出し、それらの単語の出現頻度を、5件以上の回答があったものについて集計した。たとえば「戦争のない平和な国」という回答からは、「戦争」「平和」それぞれが名詞類の単語として抽出・集計される。なお、表記の揺れは事前に統一した（例：「子供」→「子ども」）。

順位	名詞類	件数	順位	名詞類	件数	順位	名詞類	件数
65	考え	15	100	貧富	10	130	主権	7
65	他人	15	100	礼儀	10	130	場所	7
65	領土	15	100	主張	10	130	島国	7
65	独自	15	100	被爆	10	130	貧困	7
71	解決	14	100	紛争	10	130	経験	7
71	放棄	14	106	お金	9	130	尊敬	7
71	大事	14	106	お互い	9	130	反対	7
74	技術	13	106	国々	9	130	理解	7
74	時代	13	106	地球	9	130	正直	7
74	日常	13	106	犯罪	9	130	清潔	7
74	未来	13	106	感謝	9	130	普通	7
74	侵略	13	106	協調	9	146	気持	6
74	同盟	13	106	参加	9	146	姿勢	6
80	格差	12	106	健康	9	146	思想	6
80	核兵器	12	115	権利	8	146	生命	6
80	議員	12	115	国内	8	146	相手	6
80	人達	12	115	弱者	8	146	他者	6
80	民族	12	115	戦い	8	146	暮らし	6
80	発言	12	115	全員	8	146	法律	6
80	不安	12	115	態度	8	146	予算	6
87	愛国心	11	115	友人	8	146	確保	6
87	海外	11	115	活動	8	146	継続	6
87	外交	11	115	希望	8	146	子育て	6
87	気持ち	11	115	強化	8	146	自衛	6
87	現状	11	115	貢献	8	146	心配	6
87	言論	11	115	差別	8	146	存在	6
87	国会	11	115	支援	8	146	対話	6
87	世の中	11	115	独立	8	146	発展	6
87	世界中	11	115	話し合い	8	146	保護	6
87	攻撃	11	130	ボケ	7	146	保持	6
87	自立	11	130	リーダー	7	146	勤勉	6
87	対応	11	130	原爆	7	146	対等	6
87	努力	11	130	考え方	7	146	不自由	6
100	世代	10	130	若者	7	146	昭和	6

順位	名詞類	件数	順位	名詞類	件数
169	ミサイル	5	169	信頼	5
169	価値	5	169	認識	5
169	危機	5	169	発信	5
169	脅威	5	169	反省	5
169	近隣	5	169	報道	5
169	国内外	5	169	危険	5
169	財産	5	169	幸福	5
169	資源	5	169	親切	5
169	自主	5	169	多様	5
169	終戦	5	169	様々	5
169	助け	5			
169	女性	5			
169	笑顔	5			
169	状況	5			
169	制度	5			
169	政権	5			
169	先人	5			
169	戦前	5			
169	祖先	5			
169	大国	5			
169	大戦	5			
169	秩序	5			
169	天皇	5			
169	土地	5			
169	不満	5			
169	武器	5			
169	方々	5			
169	意味	5			
169	期待	5			
169	共存	5			
169	継承	5			
169	向上	5			
169	支配	5			
169	充実	5			

【全員にお尋ねします。】

問35 あなたは、政治、経済、社会に関する情報を、どのような経路を通して入手しています
か。次の中から<u>いくつでも</u>お答えください。（○はいくつでも）

1．新聞（有料電子版も含む）　　2．テレビ（地上波）

3．テレビ（ＢＳ・ＣＳ）　　　　4．ラジオ

5．日本語の雑誌・書籍　　　　6．外国語の雑誌・書籍

7．日本語のインターネットのニュースサイト

8．日本語のＳＮＳ(ソーシャルメディア)・動画サイトなど

9．外国語のインターネットのニュースサイト

10．外国語のＳＮＳ(ソーシャルメディア)・動画サイトなど

11．家族・友人・知人　　　　12．この中にはない

		回答数	%
	全体	1,971	100.0
1	新聞（有料電子版も含む）	1,095	55.6
2	テレビ（地上波）	1,702	86.4
3	テレビ（BS・CS）	463	23.5
4	ラジオ	334	16.9
5	日本語の雑誌・書籍	262	13.3
6	外国語の雑誌・書籍	15	0.8
7	日本語のインターネットのニュースサイト	1,176	59.7
8	日本語のSNS（ソーシャルメディア）・動画サイトなど	462	23.4
9	外国語のインターネットのニュースサイト	60	3.0
10	外国語のSNS（ソーシャルメディア）・動画サイトなど	39	2.0
11	家族・友人・知人	460	23.3
12	この中にはない	8	0.4
13	無回答	23	1.2

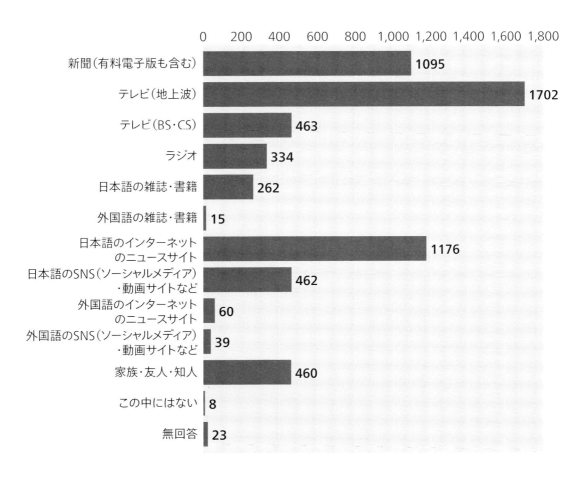

問36 定期購読している新聞（有料電子版も含む）があれば、次の中から<u>いくつでも</u>お答えください。（○はいくつでも）

1．読売新聞 　　　　 2．朝日新聞 　　　　 3．日本経済新聞

4．毎日新聞 　　　　 5．産経新聞 　　　　 6．地方紙

7．その他の新聞 　　 8．定期購読している新聞はない

		回答数	%
	全体	1,971	100.0
1	読売新聞	347	17.6
2	朝日新聞	230	11.7
3	日本経済新聞	97	4.9
4	毎日新聞	53	2.7
5	産経新聞	49	2.5
6	地方紙	504	25.6
7	その他の新聞	165	8.4
8	定期購読している新聞はない	661	33.5
9	無回答	78	4.0

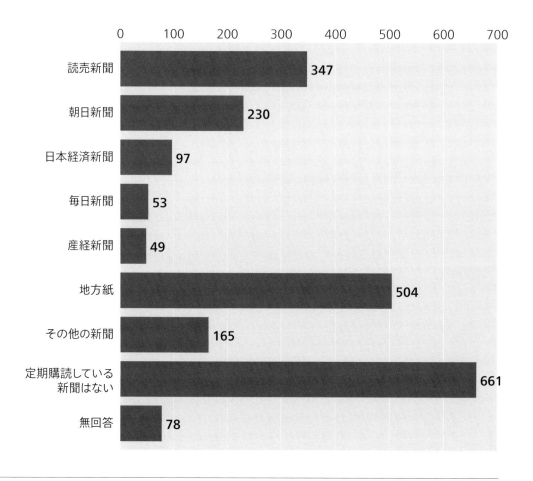

【全員にお尋ねします。】

問37 あなたが日常的に利用しているソーシャルメディアがあれば、次の中から<u>いくつでも</u>お答えください。（○はいくつでも）

1．Twitter（ツイッター）　　　2．Facebook（フェイスブック）　　3．LINE（ライン）
4．Instagram（インスタグラム）　5．YouTube（ユーチューブ）　　6．ニコニコ動画
7．5ちゃんねる　　　　　　　8．その他
9．日常的に利用しているソーシャルメディアはない

……

		回答数	％
	全体	1,971	100.0
1	Twitter（ツイッター）	516	26.2
2	Facebook（フェイスブック）	358	18.2
3	LINE（ライン）	1,399	71.0
4	Instagram（インスタグラム）	484	24.6
5	YouTube（ユーチューブ）	1,044	53.0
6	ニコニコ動画	76	3.9
7	5ちゃんねる	54	2.7
8	その他	96	4.9
9	日常的に利用しているソーシャルメディアはない	279	14.2
10	無回答	94	4.8

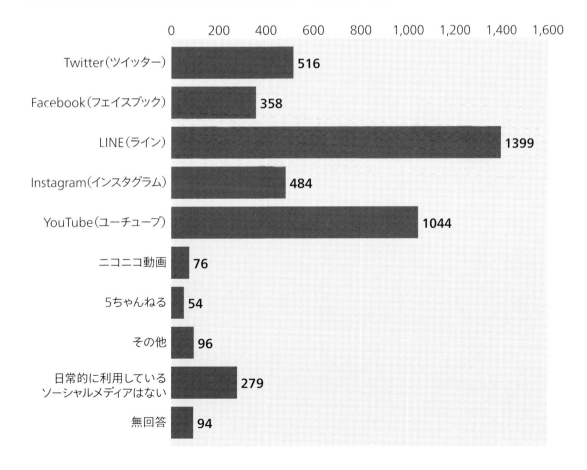

問38 あなたが支持する政党を、次の中から1つだけお答えください。（○は1つ）

　1．自民党　　　　　　　2．立憲民主党　　　　　3．公明党
　4．日本維新の会　　　　5．共産党　　　　　　　6．国民民主党
　7．社民党　　　　　　　8．れいわ新選組　　　　9．NHKから国民を守る党
　10．その他の政治団体（具体的に：　　　　　　　　　　　　　）
　11．支持する政党はない

		回答数	％
	全体	1,971	100.0
1	自民党	521	26.4
2	立憲民主党	113	5.7
3	公明党	86	4.4
4	日本維新の会	76	3.9
5	共産党	45	2.3
6	国民民主党	13	0.7
7	社民党	7	0.4
8	れいわ新選組	8	0.4
9	NHKから国民を守る党	10	0.5
10	その他の政治団体	6	0.3
11	支持する政党はない	1,055	53.5
12	無回答	31	1.6

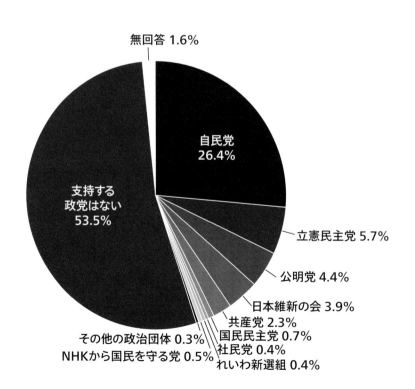

	自民党	立憲民主党	公明党	日本維新の会	共産党	国民民主党	社民党	れいわ新選組	NHKから国民を守る党	その他の政治団体	支持する政党はない
29歳以下	16.5%	3.0%	3.0%	2.2%	1.1%	0.4%	0.0%	0.0%	0.7%	0.7%	72.3%
30〜39歳	23.4%	1.3%	2.9%	4.6%	1.7%	0.4%	0.4%	0.4%	1.3%	1.7%	61.9%
40〜49歳	24.8%	1.8%	3.3%	2.7%	2.1%	0.9%	0.3%	0.3%	0.3%	0.0%	63.3%
50〜59歳	23.1%	4.9%	6.8%	4.6%	2.2%	0.5%	0.0%	0.5%	0.5%	0.0%	56.8%
60〜69歳	31.9%	7.6%	5.7%	3.5%	3.0%	0.5%	0.3%	0.5%	0.5%	0.0%	46.5%
70歳以上	37.4%	13.5%	3.8%	5.5%	3.3%	1.1%	1.1%	0.5%	0.0%	0.0%	33.8%
合計	26.9%	5.8%	4.4%	3.9%	2.3%	0.7%	0.4%	0.4%	0.5%	0.3%	54.4%

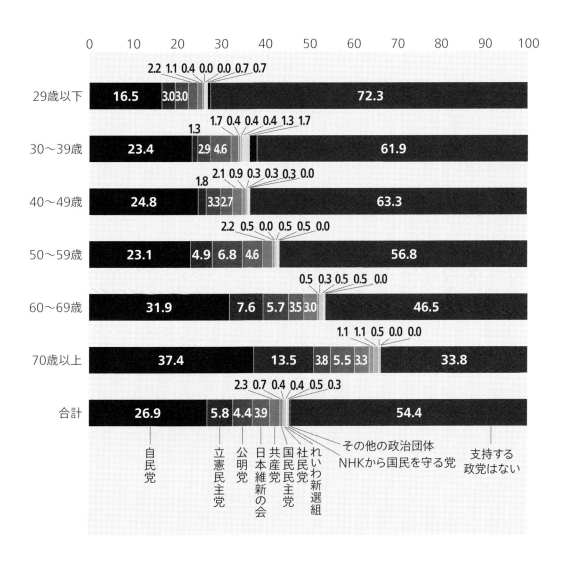

【全員にお尋ねします。】

問39 あなたの性別をお知らせください。（○は１つ）

1．女 性
2．男 性
3．どちらでもない
4．答えたくない

	回答数	%
全体	1,971	100.0
1 女 性	995	50.5
2 男 性	950	48.2
3 どちらでもない	2	0.1
4 答えたくない	7	0.4
5 無回答	17	0.9

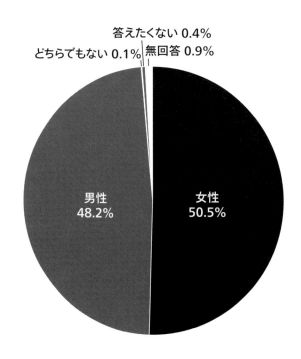

答えたくない 0.4%
どちらでもない 0.1% 無回答 0.9%

男性
48.2%

女性
50.5%

【全員にお尋ねします。】

問40 あなたの年齢をお知らせください（○は１つ）

　　1．29歳以下　　　　　　　2．30〜39歳

　　3．40〜49歳　　　　　　　4．50〜59歳

　　5．60〜69歳　　　　　　　6．70歳以上

		回答数	％
	全体	1,971	100.0
1	29歳以下	271	13.7
2	30〜39歳	240	12.2
3	40〜49歳	331	16.8
4	50〜59歳	371	18.8
5	60〜69歳	372	18.9
6	70歳以上	368	18.7
7	無回答	18	0.9

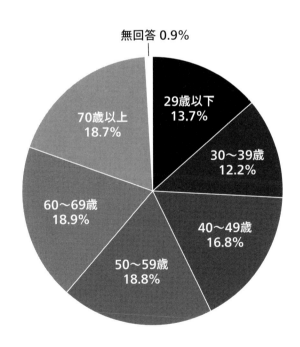

【全員にお尋ねします。】

問41 次の中から、同居している方をすべて選んでください（単身赴任の方がいらっしゃる場合でも、生計をともにしている場合は「同居」とお考え、回答してください）。（○はいくつでも）

　1．あなたの配偶者（事実婚含む）

　2．あなたの子ども

　3．あなたの子どもの配偶者

　4．あなたの孫

　5．あなたの兄弟姉妹

　6．あなたの父親

　7．あなたの母親

　8．あなたの配偶者の父親

　9．あなたの配偶者の母親

　10．あなたの祖父母

　11．その他の親族

　12．親族以外の人

　13．同居している人はいない（ひとり暮らし）

		回答数	%
	全体	1,971	100.0
1	あなたの配偶者（事実婚含む）	1,338	67.9
2	あなたの子ども	926	47.0
3	あなたの子どもの配偶者	71	3.6
4	あなたの孫	84	4.3
5	あなたの兄弟姉妹	181	9.2
6	あなたの父親	321	16.3
7	あなたの母親	438	22.2
8	あなたの配偶者の父親	35	1.8
9	あなたの配偶者の母親	69	3.5
10	あなたの祖父母	71	3.6
11	その他の親族	25	1.3
12	親族以外の人	8	0.4
13	同居している人はいない（ひとり暮らし）	133	6.7
14	無回答	22	1.1

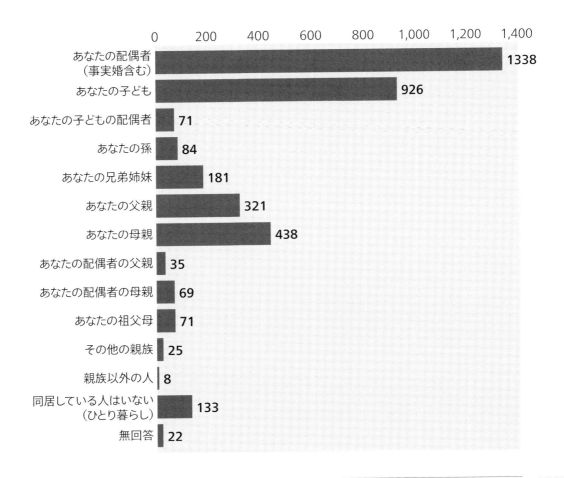

【全員にお尋ねします。】

問42 あなたが最後に行かれた（または在学中の）学校は次のどれにあたりますか。

次の中から1つだけお答えください（中退も卒業と同じ扱いでお答えください）。（○は1つ）

　　1．中学校　　　　　　　　　2．中学校卒業後、高等専修学校（専修学校高等課程）

　　3．高等学校　　　　　　　　4．高等学校卒業後、専門学校（専修学校専門課程）

　　5．短期大学・高等専門学校　6．大学・大学院　　　　　　　7．その他

....

		回答数	％
	全体	1,971	100.0
1	中学校	61	3.1
2	中学校卒業後、高等専修学校	32	1.6
3	高等学校	650	33.0
4	高等学校卒業後、専門学校	243	12.3
5	短期大学・高等専門学校	242	12.3
6	大学・大学院	675	34.2
7	その他	8	0.4
8	無回答	60	3.0

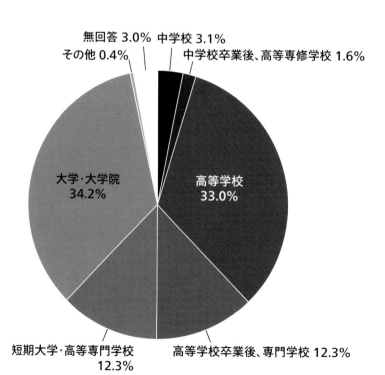

【全員にお尋ねします。】

問43 あなたの現在のお仕事の形態は、大きく分けてこの中のどれにあたりますか。次の中から1つだけお答えください。（○は1つ）

1．経営者、役員
2．常時雇用されている一般従業者
3．臨時雇用・パート・アルバイト
4．派遣社員
5．契約社員、嘱託
6．自営業主、自由業者
7．家族従業者
8．内職
9．無職（専業主婦・主夫、家事手伝いを含む）
10．学生・生徒

		回答数	%
	全体	1,971	100.0
1	経営者、役員	71	3.6
2	常時雇用されている一般従業者	654	33.2
3	臨時雇用・パート・アルバイト	322	16.3
4	派遣社員	19	1.0
5	契約社員、嘱託	67	3.4
6	自営業主、自由業者	180	9.1
7	家族従業者	33	1.7
8	内職	10	0.5
9	無職（専業主婦・主夫、家事手伝いを含む）	501	25.4
10	学生・生徒	63	3.2
11	無回答	51	2.6

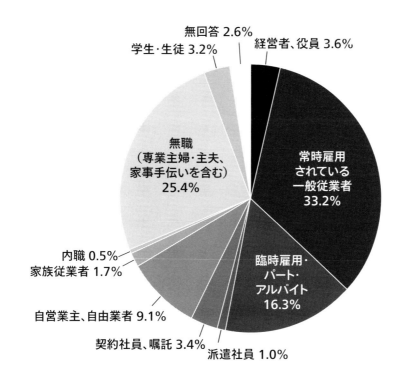

【問43で、「1．経営者、役員」〜「8．内職」と答えた方にお尋ねします。】

問44 あなたの現在のお仕事の内容は、大きく分けてこの中のどれにあたりますか。次の中から 1つだけお答えください。（○は1つ）

番号	含まれる仕事の例
1. 管理	会社役員、課長以上の会社員、駅長、局長、学校長、管理職的公務員など
2. 専門・技術	科学研究者、建築・土木・農林技術者、システムエンジニア、医師、看護師、薬剤師、裁判官、弁護士、会計士、教員、保育士、芸術家、記者、船舶機関長、航空士、無線技術者など
3. 事務	総務・企画、受付・案内、営業・販売などの事務員、集金人、その他の外勤事務員、運輸事務員、タイピスト、計算機オペレーター、レジスター係員など
4. 通信	有線通信士、電話交換手、郵便・電報外務員など
5. 保安	自衛官、警察官、消防士、守衛など
6. 建築請負	土木・建築請負、大工、左官、とび職、配管工、畳職、起重機・建設機械など、運転作業者など
7. 運輸	自動車運転者、電車運転士、車掌、鉄道員、船員など
8. 労務	道路工夫、鉄道線路工夫、運搬担当者、清掃員など
9. 販売	小売店主、卸売り店主、飲食店主、販売店員、外交員など
10. サービス	理容師、家政婦、料理人、ウエイトレス、旅行ガイド、ホテル支配人、ビル管理人など
11. 製造	金属・機械・繊維・飲食料品製造などの生産従事者、織物・木・プラスチック製品・紙製品製造者、自動車修理工など
12. 農林漁業	農業・林業・漁業作業者など
13. その他	（具体的に　　　　　　　　　　　　　　）

		回答数	%
	全体	1,356	100.0
1	管理	86	6.3
2	専門・技術	262	19.3
3	事務	232	17.1
4	通信	6	0.4
5	保安	13	1.0
6	建築請負	46	3.4
7	運輸	37	2.7
8	労務	10	0.7
9	販売	135	10.0
10	サービス	114	8.4
11	製造	119	8.8
12	農林漁業	20	1.5
13	その他	61	4.5
14	無回答	215	15.9

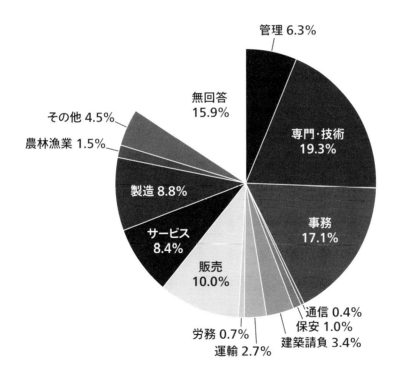

【全員にお尋ねします。】

問45 過去１年間の、あなたの世帯（あなたを含めて、生計をともにしている家族全体で）の収入は、いくらぐらいでしたか。またそのうち、あなた個人の収入は、いくらぐらいでしたか。（それぞれ、税金を差し引く前の収入で<u>１つだけ</u>お答えください。また、年金、株式配当や臨時収入、副収入などすべての収入を合わせてください。）（○はそれぞれ１つずつ）

	世帯全体の年収 ↓	左記のうち、あなた個人の年収 ↓
なし	1	1
200万円未満	2	2
200万円以上〜400万円未満	3	3
400万円以上〜600万円未満	4	4
600万円以上〜800万円未満	5	5
800万円以上〜1000万円未満	6	6
1000万円以上	7	7
わからない・答えたくない	8	8

【世帯全体の年収】

		回答数	%
	全体	1,971	100.0
1	なし	8	0.4
2	200万円未満	74	3.8
3	200万円以上〜400万円未満	404	20.5
4	400万円以上〜600万円未満	449	22.8
5	600万円以上〜800万円未満	289	14.7
6	800万円以上〜1000万円未満	186	9.4
7	1000万円以上	190	9.6
8	わからない・答えたくない	288	14.6
9	無回答	83	4.2

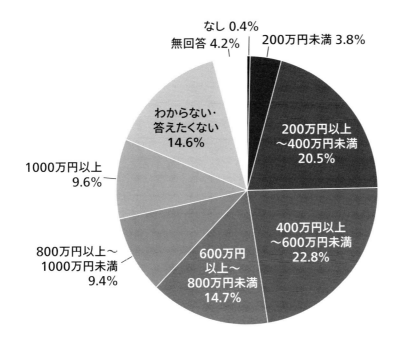

【回答者個人の年収】

		回答数	%
	全体	1,971	100.0
1	なし	165	8.4
2	200万円未満	621	31.5
3	200万円以上〜400万円未満	489	24.8
4	400万円以上〜600万円未満	260	13.2
5	600万円以上〜800万円未満	107	5.4
6	800万円以上〜1000万円未満	41	2.1
7	1000万円以上	33	1.7
8	わからない・答えたくない	177	9.0
9	無回答	78	4.0

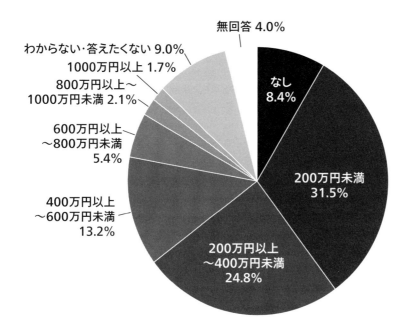

［著者］

ミリタリー・カルチャー研究会
（ミリタリー・カルチャーけんきゅうかい）

伊藤公雄（いとう きみお）
京都産業大学客員教授、京都大学・大阪大学名誉教授

植野真澄（うえの ますみ）
政治経済研究所研究員

太田 出（おおた いずる）
京都大学教授

河野 仁（かわの ひとし）
防衛大学校教授

島田真杉（しまだ ますぎ）
京都大学名誉教授

高橋三郎（たかはし さぶろう）
京都大学名誉教授

高橋由典（たかはし よしのり）
京都大学名誉教授

新田光子（にった みつこ）
龍谷大学名誉教授

野上 元（のがみ げん）
筑波大学准教授

福間良明（ふくま よしあき）
立命館大学教授

吉田 純（よしだ じゅん）（代表）
京都大学教授

日本社会は自衛隊をどうみているか
「自衛隊に関する意識調査」報告書

発行 ——— 2021年8月17日　第1刷

定価 ——— 3000円＋税

著者 ——— ミリタリー・カルチャー研究会

発行者 ——— 矢野恵二

発行所 ——— 株式会社青弓社

　　　　〒162-0801 東京都新宿区山吹町337
　　　　電話 03-3268-0381（代）
　　　　http://www.seikyusha.co.jp

印刷所 ——— 三松堂

製本所 ——— 三松堂

Ⓒ2021
ISBN978-4-7872-3494-0　C0036

吉田 純 編／ミリタリー・カルチャー研究会

ミリタリー・カルチャー研究
データで読む現代日本の戦争観

現代日本のミリタリー・カルチャーを、市民の戦争観・平和観を中核としてそれと構造的に相関する文化的要素で構成する諸文化の総体として、社会学・歴史学の立場から解明して戦争観を考察する。どの項目からでも読める決定版。　　　　　　　　　　　　　　定価3000円+税

伊藤公雄／植野真澄／河野 仁／島田真杉／高橋三郎 ほか

戦友会研究ノート

軍隊体験を共有した戦友会は、数と規模、会員の情念と行動力の強さから日本独特の社会現象である。会員への聞き書き、軍隊や戦争への感情、死んだ戦友への心情などを60項目で浮き彫りにし、戦争体験者の戦後を解明する。　　　　　　　　　　　　　　定価2000円+税

川口隆行／齋藤 一／中野和典／野坂昭雄／楠田剛士 ほか

〈原爆〉を読む文化事典

「黒い雨」論争、被爆証言・継承運動、核の「平和利用」PR、廃棄物処理場など、〈原爆〉から戦後を見通し、現在と今後を考える有用な知の資源として活用できる最新の知見と視点を盛り込んだ充実の「読む事典」。　　　　　　　　　　　　　　　　定価3800円+税

重信幸彦

みんなで戦争
銃後美談と動員のフォークロア

万歳三唱のなか出征する兵士、残された子を養う隣人、納豆を売って献金する子ども――。満州事変からの戦時下の日常には、愛国の物語である銃後美談があふれていた。美談から「善意」を介した動員の実態に迫る。　　　　　　　　　　　　　　　定価3200円+税

桑原ヒサ子

ナチス機関誌「女性展望」を読む
女性表象、日常生活、戦時動員

あらゆる領域で「理想的」女性像を伝達して戦争に動員したプロパガンダメディアで戦後ドイツの記憶から消し去られたナチス機関誌を掘り起こして解読し、ナチス政権下の女性たちの実像に迫る。図版270点を所収。　　　　　　　　　　　　　　定価4800円+税

李承俊

疎開体験の戦後文化史
帰ラレマセン、勝ツマデハ

避難ではなく疎開と呼ばれた銃後の人口移動政策を、敗戦後の文学はどのように語り、位置づけてきたのか。文学者や思想家のテクストや映画などを糸口にして、銃後の記憶を抱えて戦後を生きた人々の思いを照らす。　　　　　　　　　　　　　　定価3600円+税